MARTE, NUESTRO ESLABÓN PERDIDO

Luis Delgado Salez

LA
CUECA
DE
BADELUN

Luis Delgado Salez
2010

MARTE, NUESTRO ESLABÓN PERDIDO

**Luis Delgado Salez
2011**

MARTE, NUESTRO ESLABÓN PERDIDO

Los hijos de la tierra rumbo al nexo sanguíneo

Sobre-escrito de mi obra "La cueca de Badelun" 2010
I.S.B.N.: 978-956-8271-75-6
© Luis Delgado Salez 2009
Registro de propiedad intelectual Nº 184880 Y Nº 198217

Marte, nuestro eslabón perdido
© Luis Delgado Salez 2011
Registro de propiedad intelectual Nº204872
I.S.B.N.:978-1-257-93709-7
Edición a cargo de: Lulu
Corrección primaria de textos: Guido Carvajal O.
Corrección final de textos de la primera edición: Jorge Queirolo Bravo
Revisión segunda Edición Mayo 2011: Guido Carvajal Ollanadel
Diseño de portada: María A. Delgado Aguad
Diseño de interiores: Juan Varas
Bocetos interiores: de mi autoría
Correo electrónico del autor: losdiluvios@yahoo.es
Página o sitio web: http://www.lacuecadebadelun.supersitio.net/

© **Todos los derechos reservados.** Se prohíbe cualquier tipo de reproducción, sea parcial o total, también en toda clase de formato sea impreso o audiovisual, además no puede ser transmitido por ningún medio, tampoco puede ser recuperado de los sistemas informáticos. Todas estas prohibiciones corresponden a toda clase de copias con fines comerciales o particulares. La excepción a esta norma es obtenida a través de la autorización por escrito del autor. Así mismo es libre de ser usado como material educativo o de investigación, pero sin realizar copias de la totalidad, solo de partes y mencionando el titulo y al titular de esta obra.

Índice

La cueca de Badelun	7
Hipótesis	10
Teoría	11
Vestigios físicos	15
La teoría: la formación del primigenio Sistema Solar	17
De la dinámica universal	20
El encuentro galáctico	21
La gran colisión y el Primer Diluvio	22
Primero: el asperjar	25
Segundo: la excitación	25
Tercero: el coqueteo -- Las eras glaciales terrestres	27
Cuarto: el reacomodo	32
El Segundo Diluvio universal y más…	32
Los efectos astronómicos para La Tierra	35
Segundo Diluvio y Batelu -- Vestigios físicos	36
Mar negro	36
Pozos o depósitos petroleros	37
La extinción masiva	38
Lagos en altura que son salados	41
Vestigios por ausencia	43
Fósiles en tierras altas y en las cordilleras	44
La geología y la hidráulica	45
Los fósiles mezclados	49
Erosión masiva	51
El Cañón del Colorado	53
Obras arquitectónicas erosionadas	55
La subida abrupta del nivel de los mares	58
Metano	60
Reactivación de yacimientos de hidrocarburos	63
Los niveles de dióxido o anhídrido carbónico	65

El vulcanismo y la deriva continental	66
Los episodios Heinrich - YD	69
Bruscos cambios en la temperatura de los polos	71
La captura de la Luna	73
Vestigios testimoniales escritos -- Mapas de Piri Reis	77
Escrituras cuneiformes de Mesopotamia	77
El Arca de Noé y otros	79
Justificaciones post Segundo Diluvio	81
Marte, Nuestro Eslabón Perdido	85
Los hijos de la tierra rumbo al nexo sanguíneo	85
Metafísica ¿Ficción o realidad?	85
Contumacia en oprobio	86
Demostraciones de inteligencia ancestral	89
El Eslabón -- El origen de nuestras cualidades	91
La vetusta raza	93
Las capacidades siempre tienen su límite	93
Sí – A quienes les caiga	99
Bienaventurados los que creen	100
Ni tan lejos ni tan cerca	101
¿Colonia marciana aquí en la Tierra?	103
Mea culpa, ae. -- Mi culpamiento	106
Existencialismo	107
Incidencia extraterrestre	118
Contemplación de su culpabilidad	110
Prontuario	115
Libertad y esclavitud	116
Dedicatoria	117
Glosario y siglas	118
Bibliografía	121

LA CUECA DE BADELUN

Una tarde del año 2000, sentado en un sofá frente al televisor observando las noticias, vi que mostraron una imagen del planeta Marte, un lugar conocido como Cydonia y en el cual se veía una forma rocosa que representaba un rostro humano. Esta imagen recorrió el mundo y fue interpretada de muchas maneras diferentes. Algunos vieron allí un monumento marciano, otros decían que eran formaciones naturales y algunos más que era un montaje o fotos trucadas. La interpretación que yo le di fue que ese objeto con forma de rostro no era natural. Me imaginé que probablemente fue construido en épocas remotas por seres inteligentes y a su propia imagen, o sea, era un autorretrato.

¿Quiénes, cómo y por qué?, me pregunté.

¿Quiénes? Muchos afirman que el ser humano es el único con una inteligencia capaz de hacer semejante monumento y que solo se encuentra aquí en la Tierra, no en Marte.

¿Cómo? Si nosotros estamos aquí en este planeta, es imposible que algunos de nuestros antepasados lo hayan construido allá.

¿Por qué? Pensando que los seres humanos son los únicos que en su afán de perpetuar su memoria han construido monumentos, podría deducirse que alguno lo irguió en calidad de epitafio, recuerdo, memoria o legado. El problema es que aquel lugar está a millones de kilómetros de nuestro alcance, en otro planeta que orbita en torno a nuestro sol.

Estas respuestas implican que no hay posibilidad alguna de que un terrícola lo elaborara. Entonces, otras respuestas entran en la zona de las conjeturas, las que existen como fantasías y también dentro de la lógica, que es el área donde se gestan las teorías e hipótesis.

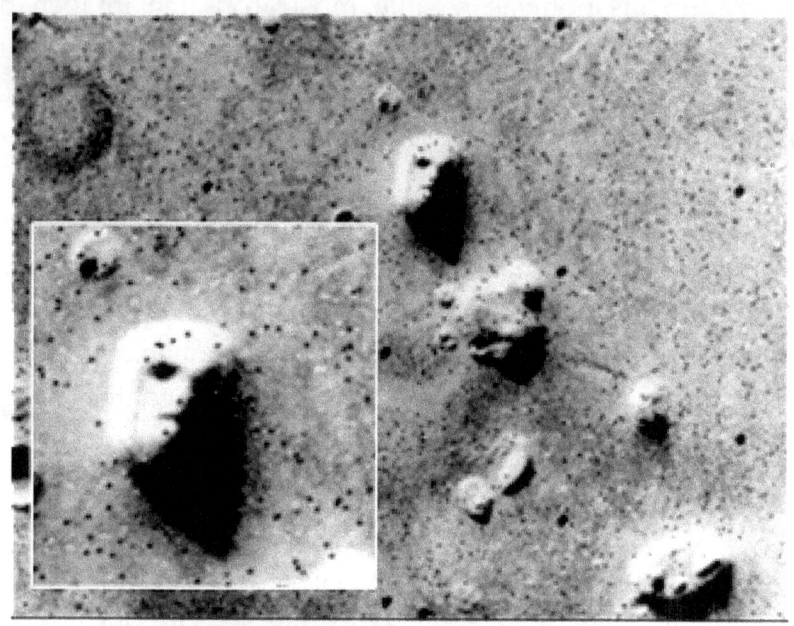

Imagen 35A72 NASA de la sonda Viking 1, obtenida en 1976.
Ver en Google otra foto actual:
Mars Express de la Agencia Espacial Europa (ESA) 2006.

Supongamos que esta estructura y todas las que hubiese en Marte, fueron diseñadas y ejecutadas por seres inteligentes con un potente desarrollo tecnológico y con una cultura avanzada, muy superior a la nuestra.

El hacer esta afirmación genera muchas interrogantes. Para el desarrollo de una civilización parecida a la nuestra se necesitan algunas condiciones básicas: agua, atmósfera respirable, biodiversidad, etc. En general, condiciones ideales para el desarrollo y sostén de la vida.

Al conocer el ecosistema existente en Marte resulta obvio que es totalmente inadecuado para la vida. ¿Fue Marte un planeta con condiciones totalmente diferentes a las actuales en épocas remotas? Y si es así, ¿qué pasó con aquel fértil y habitable planeta?

Los indicios que podemos encontrar son vagos, pero no menos importantes: estudios y fotografías recientes de alta resolución de la superficie de Marte, han mostrado que existen formaciones geológicas típicas atribuidas a erosión por circulación de agua o por algún tipo de líquido.

Estudios científicos realizados, por intermedio de las diferentes naves que han explorado este planeta, han concluido que la atmósfera de Marte está compuesta principalmente por:-Dióxido de carbono (CO_2) AL 95.32%. -Oxígeno (O_2) al 0.03%. -Agua (H_2O) al 3.03%. -Neón (Ne) al 3.00025%.

La magnetósfera posee campos magnéticos débiles difusos (escudo natural contra los vientos solares y rayos cósmicos). El campo magnético planetario de Marte es superficial y regional, o sea, de campos regionales ubicados en la corteza, lo que insinúa que en el *pasado remoto hubo un campo magnético global similar al de la Tierra.*

-Temperatura: máxima de 20° C y mínima de -140° C.

-La gravedad: 3,72 m/s^2.

-Masa: $6.421e+23$.

-Volumen: radio ecuatorial 3.397 Km.

-Órbita: distancia media desde el Sol 227.940.000 Km., periodo 686.98 días, rotación en 24.6229 horas.

-Geología (martelogía): El hemisferio sur tiene un terreno elevado cuatro kilómetros por encima del radio medio del planeta. Y el hemisferio norte está hundido de 1.5 a

2 kilómetros por debajo del radio medio del planeta. Esto sugiere que el hemisferio norte fue un océano con volcanes gigantes extintos (monte Olimpo).

---Nota: estos datos fueron obtenidos en el año 2003 y es obvio que hoy, en 2010, se confirma la existencia de agua en Marte y que la hubo en abundancia.

Hipótesis

"En Marte hubo agua, atmósfera, magnetósfera y una gravedad muy semejante a la de la Tierra; abundancia y diversidad de vida y, además, nosotros somos descendientes de ellos".

Agua y atmósfera perdida. El poseer un mayor volumen de agua y atmósfera implicaría que la gravedad es mayor. También la presión interna del planeta aumenta, permitiendo una presión suficiente para que el núcleo produzca el "efecto dínamo" aumentando la fuerza en los campos magnéticos y definiendo los polos, quedando la magnetósfera como un buen escudo protector contra las radiaciones cósmicas.

La existencia de agua líquida abundante y atmósfera permite un ambiente con rangos de temperatura aptos y amigables para la vida, como el que conocemos en la tierra.

Si el planeta tuvo estas características y ahora no las tiene, eso significa que perdió el agua y la atmósfera (masa y volumen) y, por ende, parte de la gravedad y su campo magnético. Al juzgar la actual atmósfera de Marte, que es de un 95% de dióxido de carbono, eso indica que ésta fue producida por un efecto calórico de grandes proporciones.

Teoría

Hace aproximadamente 11.500 años atrás, el Sol tuvo una actividad inusual debido a algún fenómeno astronómico, quizás por la caída en su superficie de un gran asteroide o por algún astro que pasó muy cerca él, provocando una gigantesca tormenta solar. Ésta produjo una gran eyección de masa coronal, que salió al espacio con dirección al planeta Marte, como viento solar en forma de enorme lengua solar, alcanzando con toda su potencia a este planeta. El tremendo impacto energizó la atmósfera y evaporó las aguas de los océanos salados, lagos, ríos, hielos polares e incineró toda la vegetación en Marte. El planeta se hinchó alcanzando una gran dilatación. Al evaporarse los océanos, éstos quedaron reducidos a un cálido lodo, mezcla de cloruro de sodio con otras sales. La salmuera **se sublimó en cadena** con la inmensa temperatura emanada desde el sol, **dando origen a una masiva y continua explosión que expulsó toda la masa gaseosa fuera de la atracción gravitacional de Marte.** Este tremendo impacto golpeó la corteza del planeta en dirección al núcleo, disminuyendo o deteniendo la rotación interna y cortándole en gran cantidad el efecto dínamo. De este modo perdió el magnetismo natural, que es el que produce la magnetósfera del planeta. El desnudo Marte, sin su escudo protector, quedó expuesto a la penetración máxima de los rayos cósmicos y ultravioleta, los que con el transcurso del tiempo generarían la actual atmósfera marciana.

En la siguiente imagen de Google Earth que está ubica en el planeta Marte y que corresponde a una zona sobre el nivel medio del planeta. En ella se aprecian estructuras con estelas unidireccionales, provocadas por la fuerza de algún flujo u onda expansiva.

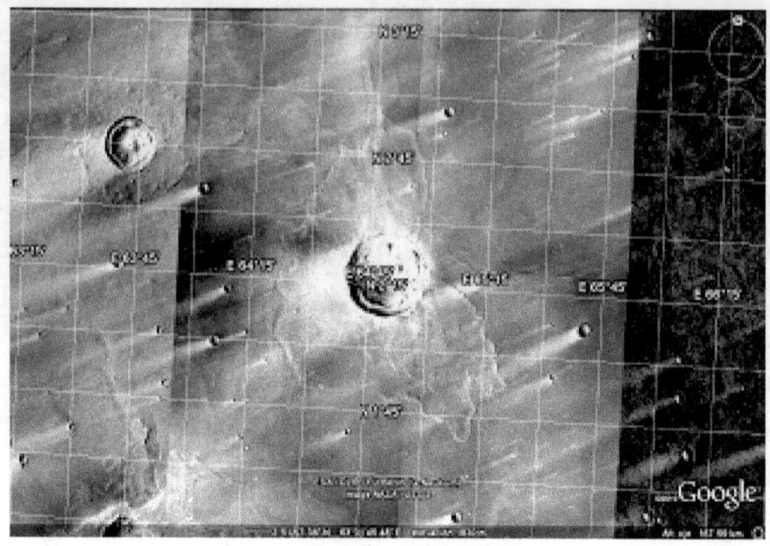

Ref.: Google Earth Marte
ESA/DLR/FU Berlin (G. Neukum)
Imagen NASA / USGS

Estos son cráteres y semi-montículos, los que se formaron en un evento relativamente corto, me refiero al momento de la incineración padecida por el planeta. El mecanismo de la eyección coronal que afectó a Marte comenzó evaporando el agua de los océanos, consecuentemente se fue formando el concho o sedimento de barro salado, el cual debido a la gran temperatura se sublimó provocando la explosión que expulsó toda la atmósfera fuera del campo de gravedad y también lanzó a gran altura grandes trozos de material sólido y viscoso, los que cayeron sobre el mismo planeta, algunos lo hicieron durante el proceso de la explosión. En la imagen se muestra un semi-montículo (el cual aparenta un cráter), este fue de material pastoso (goterón) que salió expulsado desde la ribera del océano, luego se precipitó y esparció en el momento en que aun ocurría la secuencia explosiva. En el instante que se estrellaba lanzó a su entorno su materia. Esta fue empujada por la onda expansiva en la misma dirección de las estelas que muestran las estructuras de la zona, quedando como las alas de una mariposa. También existen otras áreas que revelan la característica de haber sido afectada por aquella gran y consecutiva explosión.

El antes y el después de la cremación de Marte

Antiguo Marte
con agua y atmósfera

Actual Marte
reducido y sin agua

El planeta Marte quedó reducido en tamaño, sin agua, con una escasa atmósfera, una menor gravedad, campos magnéticos debilitados y sin magnetósfera. Además sufrió el cambio de órbita, porque la explosión sucesiva hizo el efecto de propulsión y alejó al planeta Marte de su órbita, hasta su actual posición.

El planeta siguió por su órbita, dejando atrás toda su atmósfera y su vapor de agua, la cual se aglutinó en un gran cúmulo nebular que fue atraído paulatinamente por la atracción solar.

El viaje de esta nebulosa hacia el Sol fue interceptado a la altura de 1,1 U.A. del Sol por nuestro planeta, el cual colisionó con ella provocándole a la Tierra la disminución de la velocidad de traslación y la caída de su órbita a 1 U. A. del Sol (pérdida de 0,1 U. A.).

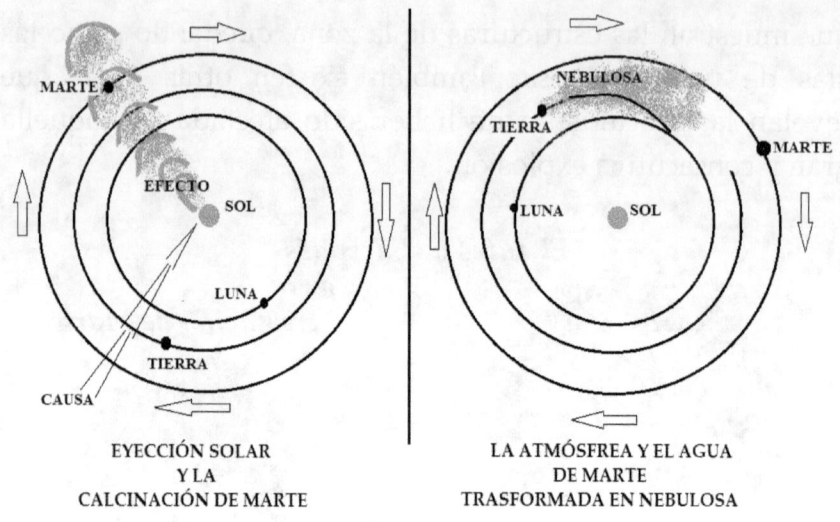

EYECCIÓN SOLAR
Y LA
CALCINACIÓN DE MARTE

LA ATMÓSFREA Y EL AGUA
DE MARTE
TRASFORMADA EN NEBULOSA

La nebulosa marciana, compuesta mayormente de agua y otros gases, más otros tantos de sales, al entrar en la atmósfera terrestre se transformó en vapor de agua y se precipitó sobre la Tierra dando origen al diluvio universal (al que erróneamente los evolucionistas reniegan).

Mas yo afirmo que La Tierra no solo tuvo uno sino dos Diluvios. El segundo Diluvio fue cuando la Tierra capturó la nube marciana. Y el primer Diluvio ocurrió en la antiquísima o primitiva Tierra, en el momento que aún estaba media incandescente y...

---Nota: más adelante lo explico detalladamente en el título "La gran colisión y el Primer Diluvio".

La Tierra soportó grandes modificaciones en la geografía y en el clima, tanto en la forma como en el fondo, al ser receptora de grandes cantidades de **agua salada** y de gases provenientes de Marte.

El incremento de nuestra atmósfera e hidrósfera (subió el nivel de los océanos), significó una mejor regulación en la suavidad de los cambios térmicos, subiendo la temperatura media del planeta a un rango parecido al actual. Eso terminó la era del hielo que sufría el planeta Tierra. La captura de la nebulosa marciana aumentó la masa terrestre, la gravedad, la densidad, la presión atmosférica e interna del planeta, intensificándose los campos magnéticos y la magnetósfera, además de disminuir la velocidad de traslación y al caer a una órbita más cercana al Sol, eso le permitió una mayor insolación.

Testimonios físicos, escritos, tradiciones orales y mitos son veraces en algunos aspectos, logrando avalar esta teoría:

-Los relatos *bíblicos* del Diluvio Universal.

-Tablillas con escrituras cuneiforme (Mesopotamia), epopeya de Gilgamés; relatos de Beroso (sacerdote babilonio de Marduk), Utnapishtim.

-Mito *Trentren Vilu y Caicai Vilu* "El Diluvio" mapuche.

-Xel-Há, Leyenda Maya. Leyenda de una creación mágica. Después del último Diluvio reinaba el caos.

-Grecia: Deucalión, rey de Pitia, prevenido por su padre Prometeo de una gran inundación, construyó una barca, donde se salvó junto a su mujer Pirra.

-India: En las escrituras védicas de la India encontramos a un rey llamado Svayambhuva Manu, que fue avisado del Diluvio por una encarnación de Vishnu.

-El aviso masivo del Diluvio en los 5 continentes.

-La coincidencia de la duración del Diluvio.

-Y muchísimos otros relatos alrededor del mundo.

Vestigios físicos

-Mar Negro: sus aguas en la antigüedad fueron dulces y hoy son saladas.
-Depósitos de hidrocarburos (petróleo): descomposición de restos orgánicos reunidos de una sola vez.
-El Cañón del Colorado: erosión ocurrida en un solo evento.

-Lagos en altura que son salados sin tener afluentes que aporten cloruro de sodio.
-Erosión masiva de la corteza terrestre, por la falta de testigos continuos en los sedimentos más allá de 9000 años.
-Aluviones y o sedimentos: grandes masas arrastradas por inmensas riadas de agua, que han conformado las llanuras adyacentes a los ríos.
-Por ausencia: la no existencia de testigos en los estratos de una gran cantidad de hielo depositada de una sola vez en los hielos polares.
-Fósiles de moluscos y animales marinos en tierras altas y en la cordillera.
-La erosión por agua de lluvia que afectó a la Esfinge de Giza.
-Los bruscos cambios en la concentración del metano en la atmósfera, en el período Younger Dryas.

--Otros
-Atlántida: textos de Platón en los cuales relata que hubo una civilización muy importante y avanzada que sucumbió inundada por un cataclismo.
-Calendario Maya: marca el pasado con diferentes etapas, las cuales, sumando algunos mitos, indican que los sobrevivientes tuvieron que pasar por una etapa de agua, en la cual la vida en general sucumbió y recomenzó con la nueva era.
-Mapas de Piri Reis: muestran la Antártida sin hielo.
-La vida en las alturas de los incas. Fueron salvos aquellos incas que vivían en las alturas de la Cordillera de los Andes.
-La discontinuidad de los fósiles y su número.
-La Puerta del Sol en Tiahuanaco (Bolivia). Estructura monumental construida por seres gigantes o cuando la tierra tenía menos gravedad o ambas cosas a la vez, además ejecutada por una civilización extinguida por el Segundo Diluvio.

-La revoltura (desorden) en los yacimientos de fósiles.
-La diferencia en la altura y tamaño de los animales y la vegetación, por efecto del aumento de la gravedad terrestre.

En fin, son innumerables los vestigios de aquel evento y basta con observar cualquier paisaje para encontrarlos.

--Toda teoría tiene sus propios problemas

El hecho que la Tierra haya chocado con la nebulosa marciana implicaría que la Luna, nuestro satélite natural, también habría captado parte de la nebulosa, lo que no es así, puesto que ésta, en aquel entonces, no se era un satélite de la Tierra.

La teoría: la formación del primigenio Sistema Solar

A partir de una nebulosa; las partículas, los átomos y moléculas comenzaron a aglutinarse en un punto por la atracción de masa, dando origen a un centro de acreción gravitacional, que cada vez se fue fortificando más.

Este centro de acreción atrajo en cadena a las partículas, átomos y/o moléculas cercanas y las más retiradas cayeron al centro en forma diagonal o espiral, lo que indujo e incrementó un movimiento de rotación en el centro de la acreción formando una protoestrella Sol con rotación.

No existe razón que indique que el proceso de acreción deje residuos, es decir el vínculo de atracción es una cadena continua. Por ende, el espacio adyacente a la estrella queda límpido, de esta forma nació la estrella solitaria (el Sol).

Las interacciones provocadas por dos brazos de la Vía Láctea hicieron rotar con mucha fuerza a la protoestrella Sol. O el paso de la estrella Sol entre los brazos de Sagitario y Perseo (en la espuela de Orión) le imprimieron a esta estrella un movimiento de rotación extrema. Así, al aumentar su movimiento de rotación, se centrifugó e hizo desplazarse a los átomos más pesados al ecuador de la estrella, los cuales se aglutinaron formado nódulos en la superficie ecuatorial (embriones planetarios o protoplanetas en gestación), los que por conservación de inercia comenzaron a rodar por la superficie.

La rápida rotación de la estrella la deformó, achatándola en los polos, quedando como un gran disco muy delgado. La gran extensión interrumpió las reacciones nucleares, por lo tanto, estaba regularmente cálida y en el borde ecuatorial externo rodaban los protoplanetas.

La enorme rapidez de las revoluciones permitió que los nódulos o protoplanetas fueran catapultados, o sea, la velocidad de escape de los nódulos fue mayor que la fuerza de gravedad de la aplanada estrella. Como los protoplanetas eran pesados tenían gran potencia inercial y en el momento que el disco solar disminuyó su rotación los planetas se separaron del gran disco.

Los efectos gravitacionales permitieron que los planetas mantuvieran e incrementaran el movimiento de rotación.

Luego del parto quíntuple de planetas, la estrella Sol siguió mermando su rotación, lo que le permitió que acentuara la aglutinación en su centro gravitacional. Claro que, evidentemente, quedaron solo los átomos más livianos (hidrógeno, helio) por el efecto selectivo de la centrifugación. El nuevo Sol, ya concentrado, comenzó su proceso de reacción nuclear, emitiendo las radiaciones electromagnéticas que todos conocemos.

Repasemos: los átomos más pesados formaron los planetas rocosos. Éstos rodaron (efecto engranaje) en la superficie del primitivo Sol, formando nódulos o protoplanetas, por el efecto centrífugo, correspondiente a la gran velocidad de rotación de todo el complejo. La inmensa inercia de los protoplanetas permitió que pudieran escapar de la atracción del disco.De este modo quedaron los 5 planetas orbitando la estrella madre, con rotación inversa a ella.

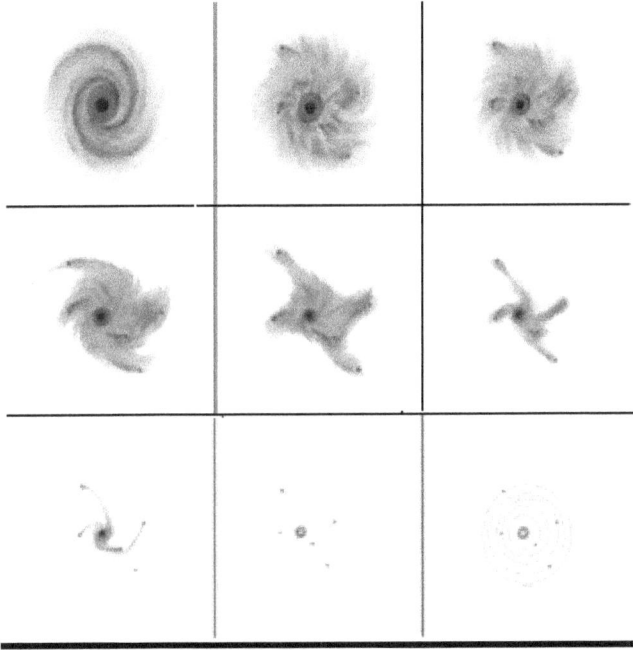

SECUENCIA: FORMACIÓN DE LOS PLANETAS

La secuencia de esquemas artísticos se basa en la mecánica clásica. Para mejor comprensión, se tomó el momento en que los planetas se encontraban en la misma posición de sus órbitas, teniendo presente que todo el sistema rotaba a gran velocidad.

--El primigenio Sistema Solar

Los planetas engendrados por el Sol fueron cinco, con sus órbitas sucesivas y teniendo como centro la estrella Sol. Éstos eran: MERCURIO, VENUS, TIERRA, MARTE y BADÉN. Ningún planeta poseía satélites (lunas).

---Nota: **La acreción no forma asteroides.**

Los asteroides, en general, son cuerpos o fragmentos que han formado parte de algún astro mayor.

La densidad de un asteroide determina el tamaño del astro al que perteneció.

En el espacio sideral es muy remoto que se acoplen o junten dos o más átomos de igual naturaleza. Tendríamos que presuponer que en el profundo espacio ocurren reacciones químicas que permiten el enlace entre átomos diferentes, semejante a lo que ocurre bajo las condiciones terrestres. La diferencia se establece, porque en el espacio no hay presión por gravedad que los mantenga juntos que permita la reacción, pues se sabe que las reacciones químicas ocurren a muy corta distancia. Por lo tanto, la acreción a partir de los átomos aislados se hace improbable.

La acreción ocurre en una nebulosa solo si ésta posee grandes dimensiones. Esto lleva a la formación de un gran astro y nunca a fragmentos o asteroides. Por lo tanto, los asteroides son producto del colapso de grandes astros.

De la dinámica universal

Desde tiempos remotos, nuestra galaxia, la Vía Láctea está atrayendo a la galaxia Sagitario. Ambas se encuentran una con respecto a la otra en posesión perpendicular, en este proceso la de menor tamaño (Sagitario) está siendo absorbida por nuestra galaxia.

Hace 125 millones de años (o múltiplos de 250 millones +125 millones de años) ocurrió la intersección o el cruce del sistema solar (estrella Sol con sus cinco planetas) con otro sistema planetario viajero proveniente de la galaxia

Sagitario (a éste lo denominaré sistema Joviano). Este sistema viajero de planetas gaseosos estaba compuesto por uno central masivo, Júpiter, alrededor del cual giraban algunos pequeños cuerpos metálicos en las órbitas interiores y en las órbitas externas existían otros cuerpos gaseosos entre los que se encontraban: <u>Cisterna</u> (2,9 U.A. de Júpiter), Saturno, Urano, Neptuno.

---Nota: Es más probable que el sistema binario de Plutón-Caronte se haya formado dentro de la nube de Oort.

El encuentro galáctico

Es un hecho sabido que nuestra Vía Láctea está devorando a la galaxia Sagitario desde hace millones de años.

La relación de la posición de ambas galaxias es perpendicular. Hoy en día el punto de intersección está en el lado opuesto de nuestra ubicación en la Vía Láctea. El sistema solar demora 250 millones de años en dar una vuelta a la galaxia. Por lo tanto: hace 125 millones de años (o en algunas de las vueltas anteriores) nuestro sistema solar sufrió la consecuencia de este proceso.

La galaxia Sagitario es muy antigua y su proceso de formación es probable que haya sido diferente al nuestro, agrupando o enlazando a los átomos en moléculas como en el caso del agua.

El sistema Joviano, dada su composición (preferentemente gaseosa), es muy probable que haya provenido de la galaxia Sagitario. Este al ingresar o introducirse a la Vía Láctea capturó los elementos sueltos que se le atravesaron en su camino. Además, al cruzar la nube de Oort y el cinturón de Kuiper del sistema solar (la cual está compuesta por: hielo, metano, amoníaco y otros elementos) capturó más de algunos cuerpos y se introdujo al interior del sistema solar. Todos los planetas y satélites del sistema Joviano crecieron en tamaño por la adición de los componentes que encontraron a su paso y además formaron parte de sus anillos. La fuerza de gravedad de Júpiter succionó los elementos gaseosos a sus propios satélites cercanos.

Al llegar al interior del sistema solar se conjugaron ambos sistemas (Solar y Joviano). La coordinación ocurrió en la misma eclíptica y dirección de la traslación de los planetas de ambos sistemas, el acoplamiento fue de dulce y agraz. La gran mayoría de los astros (gaseosos) del sistema Joviano se posicionaron en órbitas externas del Sistema Solar, pero hubo una gran colisión entre dos de ellos.

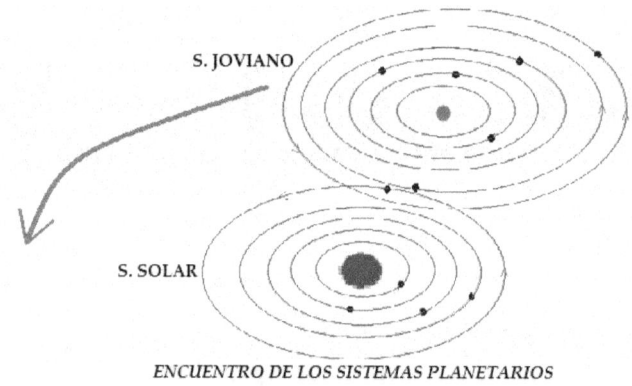

ENCUENTRO DE LOS SISTEMAS PLANETARIOS

La gran colisión y el Primer Diluvio

Los planetas Badén del sistema solar y Cisterna del Joviano tienen las siguientes condiciones y características:

-Badén a 2,2 U.A. del sol, planeta metálico con baja densidad y en un estado aún incandescente, de masa semejante a Marte.

-Cisterna a 2,9 U.A. de Júpiter, planeta gaseoso compuesto principalmente de no-metales (agua, hidrógeno, oxígeno, nitrógeno, carbono, cloro), en estado congelado, con un gran volumen que lo hace semejante a Urano o Neptuno.

En el momento en que ambos sistemas se acoplaron, el masivo Júpiter fue captado por la atracción del sistema solar, quedando atrapado en la órbita que le conocemos actualmente.

Los otros planetas jovianos que venían por el lado opuesto al sistema solar también quedaron en las órbitas externas y son: Saturno, Urano y Neptuno. El único planeta que al ingresar venía entre los dos sistemas era Cisterna. Lo hizo a la altura de la órbita del planeta Badén, al cual colisionó. Cisterna se desintegró y desplazó de su órbita una gran porción del planeta Badén (esta porción la denominaré "Badelun"), la que salió en dirección hacia el centro del sistema solar. Además, los escombros de la colisión dieron origen, junto con los elementos metálicos, al actual cinturón de asteroides. Éstos se encuentran entre las 2,2 a 3,3 U. A. del Sol y los demás asteroides que vagan en distintos orbitales de nuestro actual sistema solar.

COLISIÓN BADEN - CISTERNA
NACIMIENTO DE BADELUN

Con gran porción de Badén se forma el planeta Badelun.

Los elementos que se gasificaron por efecto de la colisión, como el hielo de agua, fueron diseminados en el espacio, irrigando o bañando a los planetas Marte y Tierra y el resto fue absorbido por la gravedad solar. Al ser regados estos dos planetas, el proceso de enfriamiento se aceleró rápidamente, conformando los continentes y océanos, creando además las condiciones necesarias para la germinación de la vida. Éste fue el "Primer Diluvio" que recibieron los planetas Marte y Tierra.

El planeta Cisterna venía con una velocidad mayor a la que portaba Badén. Por lo tanto, esa porción (Badelun) fue empujada con gran velocidad rumbo al Sol (como un cometa), para mayor precisión, hacia la altura de la órbita de Mercurio. La gravedad solar le imprimió un tirón que lo hizo tomar una órbita muy elíptica y con la misma dirección de los demás planetas, pero inclinado respecto al plano de la eclíptica. Al pasar Badelun muy cerca del Sol, éste le succionó la materia suelta como el gas, los líquidos y piedras, además de fundirle la superficie en algunas regiones (mar de la Tranquilidad) más expuestas a la radiación o calor solar. El violento tirón gravitacional solar le detuvo el movimiento de rotación. La excentricidad de la órbita (una elipse muy aguda) con un foco en el Sol, pasando entre la órbita de Mercurio y el Sol, llegando más allá de la órbita de Marte, cerca de Júpiter, con el transcurso del tiempo se posicionó en una órbita elíptica entre Venus y un poco más allá de la Tierra (promedio de su órbita era 1 U. A. del Sol), además bien inclinada respecto al plano de la eclíptica del sistema solar, permaneciendo ahí hasta hace aproximadamente 11500 años o como punto de referencia del tiempo universal a los 9500 A.C.

El acoplamiento de estos 2 sistemas, por una parte fue violento y por el otro, armónico.

--Lo armónico:
Fue el posicionamiento en sus órbitas externas de los astros gaseosos, los que aún permanecen girando en la misma eclíptica del sistema solar. Ellos son: Júpiter, Saturno, Urano y Neptuno.

--Lo violento: Primero: el asperjar

La colisión y destrucción de 2 planetas (Badén y Cisterna) formó con sus escombros el cinturón principal de asteroides. También se esparcieron a otros sectores en orbitales diferentes. A Marte y a la Tierra la dotaron de agua. Además eso dio origen, con el núcleo de Badén, a Badelun. Otros dos grandes trozos se ubicaron como satélites de Marte (Fobos y Deimos). Otros fragmentos se ubicaron en Júpiter.

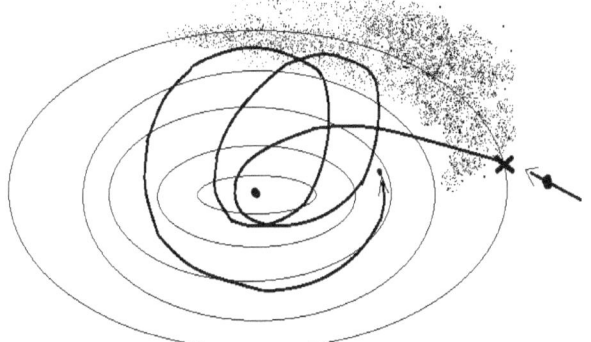

FORMACIÓN DEL CINTURÓN DE ASTEROIDES

Nota: La línea oscura representa la órbita errante de Badelun y los puntos a los escombros o asteroides producto de la colisión de Badén con Cisterna.

Segundo: la excitación

El tortuoso acomodo de la órbita de Badelun perturbó la estabilidad de los otros planetas, además cruzó muchas veces por el cinturón de asteroides en formación derivado de la colisión de los planetas Badén y Cisterna, vale decir de sus propios escombros, sufriendo la captura y los embates o bombardeo de ellos, dejándole múltiples cráteres. En un comienzo su órbita era inclinada con respecto al plano de la eclíptica y describía un óvalo muy agudo. Recorría entre la órbita de Mercurio hasta llegar a las cercanías de la órbita de Júpiter, con el foco menor en el Sol. En el primer paso de Badelun cerca del Sol, éste lo despojó del material suelto y le fundió algunas regiones (mar de la Tranquilidad), a las cuales le debilitó o eliminó o desordenó su magnetismo natural.

--La interacción con los planetas
La trayectoria errante de Badelun interfería la rotación de los planetas. Con el que tuvo más interacciones fue con Mercurio, planeta al que le cambió varias veces su rotación, afectando también a Venus. A la Tierra, con menor intensidad, le variaba la inclinación del eje de rotación (vaivén), causando de esta manera los períodos interglaciares o eras glaciares.

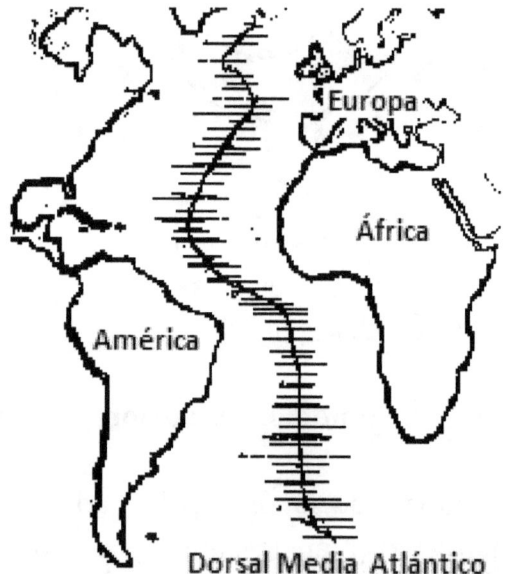

Ref: http://www.geoiberia.com/geo_iberia/margenes/margen_atlantico.htm

Además Badelun provocaba el desgarramiento y la sucesiva deriva de los continentes. Adicionalmente trajo como consecuencia la formación de la cadena lineal volcánica que recorre de norte a sur el fondo del océano Atlántico (Dorsal

Media del Atlántico) en la cual las placas tectónicas son divergentes.

Badelun logró una estabilidad relativa al tomar emplazamiento en una órbita elíptica entre Venus, muy cerca y por encima de La Tierra, además, con una inclinación respecto a la eclíptica, su distancia de su órbita promedio era de 1 UA. del Sol, sabiéndose que la Tierra tenía su órbita a 1,1 UA. del Sol.

Quo usque tandem abutere, Badelun, patientia nostra?!
¿Hasta cuándo, di, **Badelun**, abusarás de nuestra paciencia?

Tercero: el coqueteo

Las eras glaciales terrestres

La génesis de la Tierra tuvo un origen solitario (sin satélite), muy cálido y que lentamente fue perdiendo temperatura. Luego vino un rápido enfriamiento por efecto del Primer Diluvio, por el cual se formaron los océanos y, por ende, los continentes y las grandes montañas. Dicho de otra forma, la caída del agua solidificó la corteza arrugando la superficie al enfriarla violentamente.

Tuvo otros accidentes por la caída de grandes meteoritos. En esa etapa, su órbita era más alejada del Sol.

La influencia de los tirones gravitacionales de Badelun provocaba los vaivenes o variaciones en la inclinación del eje de rotación de la Tierra. Así la volteaban en casi 90º y dejaban a la Tierra rodando en dirección de su órbita. De esa forma, el eje de rotación quedaba apuntado hacia el Sol. Debido a estos bruscos cambios en la posición del eje de rotación del planeta tierra se producían las eras glaciales (ciclos astronómicos Milankovitch). Por ser un cuerpo formado mayormente por material semilíquido en su interior, estos cambios afectaban con mayor fuerza a la corteza, no tanto así al núcleo terrestre, que seguía girando en la dirección original, por la ley de conservación del movimiento. De este modo, se perturbaba y excitaba el magnetismo y la magnetósfera terrestre se hacía más potente.

--Nota: "La rotación del núcleo es la que orienta el movimiento de la corteza terrestre. El núcleo, con el paso del tiempo, lograba reorientar la posición de la corteza terrestre a la postura original del eje de rotación, perpendicular al plano de la eclíptica. Lo denomino perpendicular, porque la sumatoria de un año de los momentos de la posición del eje da exactamente la perpendicularidad. Razón: si la inclinación del eje terrestre es de $\pm$ 23º,27 en perihelio es lo contrario en afelio, por lo tanto, a los 3 meses el eje terráqueo está totalmente perpendicular al plano de la eclíptica, restando los 23º,27 de inclinación norte con los 23º,27 de inclinación sur. El resultado es cero, por lo que la sumatoria total nos da cero. Corresponde afirmar lo siguiente: se puede considerar como si no tuviera inclinación. Eso significa que el eje terráqueo es perpendicular al plano de la eclíptica del sistema solar. De esta manera los rayos solares calientan de la misma forma al hemisferio norte como al sur, sea ésta una órbita circular o elíptica".

    Las teorías predominantes respecto a las eras glaciares (ciclos astronómicos Milankovitch) no dicen el motivo o causa por las cuales se producían tales fluctuaciones o perturbaciones en la órbita y la oblicuidad del eje terrestre. Estos ciclos están marcados en mi teoría, cuando manifiesto lo siguiente: "que el cruce de las órbitas de los planetas Tierra con el en aquel entonces planeta Badelun, se inducían grandes tirones gravitatorios que desestabilizaban el eje terráqueo. También es de considerar que la Tierra tenía una órbita mayor, o sea, estaba más lejos del sol.

Si la órbita terrestre fuera más elíptica, la media de la temperatura anual por los rayos solares sería de la misma intensidad como si fuera circular, también si la inclinación de su eje fuera mayor o menor. Lo que realmente influye sería la mayor o menor actividad solar, o si el tránsito del sistema solar o de la Tierra pasara por algún lugar del espacio en el cual tuviera mucho polvo cósmico y/o mi alternativa. Ésta viene a continuación.

Los máximos glaciales absolutos, ocurrirían con los tirones gravitacionales de Badelun, que inclinaban tanto a la Tierra que la dejaba rodando sobre su órbita (inclinación máxima posible a 90º solo de la corteza terrestre, en contraposición al núcleo), junto con la mayor distancia al Sol. Así la Tierra quedaba con un polo apuntando al Sol y el otro en total oscuridad. La insolación en el polo expuesto a la luz no era tan grande porque la órbita de la Tierra era mayor, o sea, la Tierra estaba más lejos del Sol, además con una rotación más rápida. También estaban las fuertes corrientes marinas (termohalinas), que transportaban agua fría del polo oscuro al polo solar. Además el aumento de la fuerza del campo magnético y, por ende, la magnetósfera era más potente, al tener el núcleo rotando a 90º con respecto a la corteza terrestre. De esta manera, se establecían grandes zonas de bandas climáticas que duraban muchos años. Estas condiciones permanecían así hasta que la rotación interna del núcleo reorientaba de nuevo la corteza a su posición original, dando término las eras glaciales. Sin embargo, también hubo cambios bruscos dependiendo de los encuentros cercanos con Badelun. Se debe considerar el hecho de que la Tierra era más chica, porque tenía menor cantidad de agua y por esto mismo giraba a mayor velocidad, por lo que sus cambios eran más rápidos. Durante el período en que se enderezaba o se reorientaba la corteza respecto a la inclinación del eje terrestre, que estaba dado por la inclinación de giro del núcleo, estas bandas climáticas comenzaban a sufrir la consecuencia del día y la noche. El clima de estas zonas de franjas o bandas cambiaba a cálido de día y lluvioso de noche.

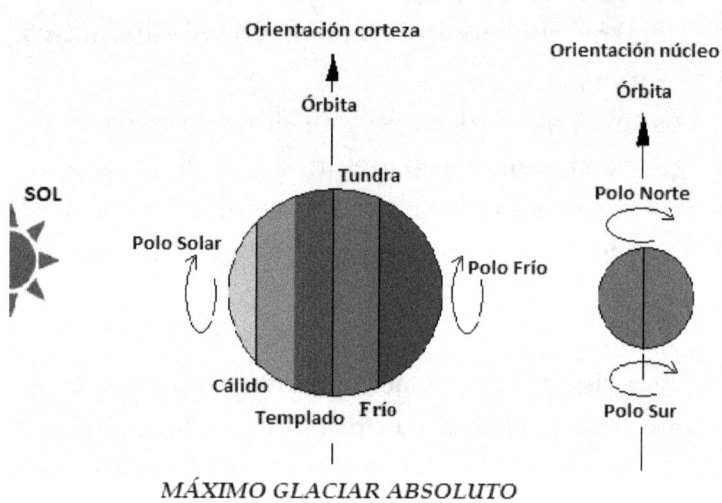

MÁXIMO GLACIAR ABSOLUTO

Estos máximos glaciales absolutos solo son teorías y están explicados aquí con exageración para un mejor entendimiento de los ciclos astronómicos de Milankovitch. Los vaivenes del eje terráqueo están relacionados con la frecuencia que Badelun afectaba con su paso a la Tierra.

Recordemos que en los comienzos la órbita de Badelun era muy inclinada respecto al plano de la eclíptica y con una órbita elíptica bien pronunciada.

Esta hipótesis contribuye con un buen argumento para sumarlo a las distintas alternativas del estudio histórico climático y a las repercusiones futuras.

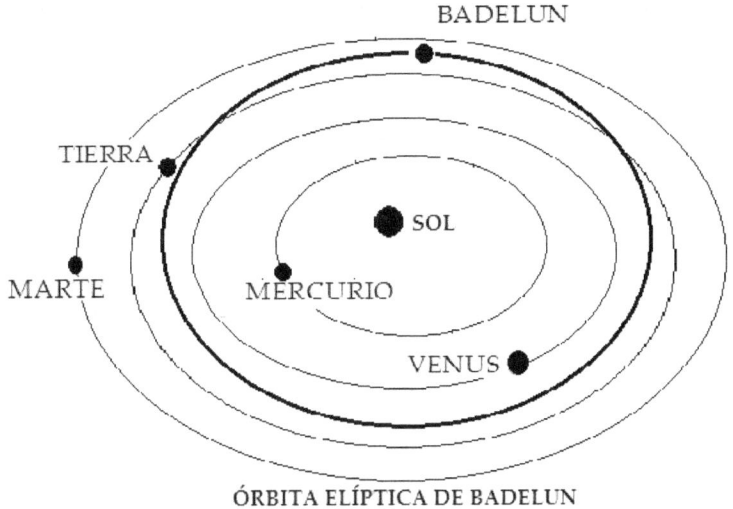

ÓRBITA ELÍPTICA DE BADELUN

Badelun después de cientos de miles de años suavizó su órbita elíptica y se estabilizó entre Venus y un poco más allá de la Tierra, ocupando la tercera órbita del sistema solar, pero con bastante inclinación respecto al plano de la eclíptica.

--La estructura del Sistema Solar

Antes de los 9000 años AC. existía como centro la estrella Sol y los planetas con sus satélites: Mercurio, Venus, Badelun, Tierra, Marte (2 satélites), Cinturón principal de Asteroides, Júpiter (60 satélites), Saturno (31 satélites), Urano (22 satélites), Neptuno (11 satélites) y Plutón (1 satélite).

---Nótese: En la órbita tercera, el planeta Badelun, y en el cuarto, la Tierra sin satélite (sin luna).

Cuarto: el reacomodo

Por algún motivo desconocido el Sol tuvo una actividad inusual, la que provocó la eyección de una gigantesca masa de su corona, lo que afectó de lleno al planeta Marte, al cual calcinó expulsando de su corteza la masa líquida y gaseosa. Debido a eso, se formó una nebulosa energizada, la cual tomó rumbo al Sol y en su camino fue atraída por la Tierra. Cuando la Tierra se encontró con la nebulosa marciana, la atrajo y la absorbió, produciendo el gran "Segundo Diluvio" global o mundial, también llamado "El Diluvio".

SEGUNDO DILUVIO UNIVERSAL
SECUENCIA
DEL ENCUENTRO DE LA TIERRA CON LA NEBULOSA

El Segundo Diluvio universal y más...

Antes del Segundo Diluvio, la Tierra era más chica, tenía una mayor velocidad de rotación y traslación. Además poseía una menor gravedad y densidad. La geografía terrestre tenía menos agua que hoy (unos 100 metros por debajo del actual nivel) y un clima muy continental y húmedo, su órbita estaba más lejos del Sol. Los continentes tenían más tierras libres expuestas, los mares eran más pequeños y no resultaban suficientes para regular la temperatura, la presión atmosférica era escuálida, la frecuencia día y noche más cortas, con una radiación solar que facilitaba la volatilización del agua. Por ende, la evaporación en el día era cuantiosa y por las noches se producían copiosas precipitaciones. La vida era muy abundante y de mayor altura. Este prolífico desarrollo, pletórico de vida, fue arrasado en unas pocas semanas por uno de los peores cataclismos soportados por nuestra Tierra: el Segundo Diluvio.

La lluvia simultánea, continua y torrencial que se desató en toda la Tierra, sin excepción de lugar, fue cálida, salada y prolongada. Recordemos que la nebulosa fue producto de la incineración de Marte, por lo tanto existía una gran temperatura (energizada) y salada. Fue así porque el detonante fueron las sales minerales que se sublimaron por efecto del inmenso calor proveniente del Sol.

En una lluvia típica la tierra se moja, reblandece y arrastra el material suelto. En una tormenta o tempestad se producen inundaciones, aluviones, avalanchas o deslizamientos. Las lluvias duran algunas horas, las tormentas a lo máximo unos días. Ahora bien: ¿Cuán feroz fue el Segundo Diluvio? Hago la pregunta sabiendo que este cataclismo fue tórrido, torrencial y que duró poco más de un mes sin detenerse.

La erosión provocada por el Segundo Diluvio fue total, dejando solo la roca desnuda. Quedó un suelo totalmente yermo, no hubo raíz de árbol ni planta capaz de retener la tierra. ¡El diluvio arrasó con todo! Es obvio que también arrasó con los animales e infraestructura existente, incluyendo todas las construcciones. El diluvio hizo desaparecer toda señal de vestigios humanos.

Con el Segundo Diluvio aumentaron los niveles de los océanos, subiendo éstos más de 160 metros (60 metros sobre el actual nivel). Esto sucedió por el incremento del agua proveniente de la nebulosa marciana, por la gran cantidad de sedimentos depositados por la máxima erosión que se originó y por el derretimiento parcial de los polos debido al efecto invernadero que le produjo la nebulosa energizada y salada (ésta era cálida y la sal es un anticongelante).

Esto nos dejó con el siguiente cuadro: océanos turbios, continentes rocosos y las costas convertidas en unos tremendos lodazales mezclados con vegetales y animales muertos. Esta hecatombe pasó a tener mayor violencia cuando ocurrió otro gran evento astronómico.

Posteriormente, al declinar el Segundo Diluvio, la Tierra ya había caído a una posición más cercana al Sol (su actual órbita), en la cual se encontró con el planeta Badelun al que atrapó arrastrado por la gravedad de la Tierra. Esta atrapada frenó la traslación y la rotación terrestre, dejándola posicionada en la órbita actual y con la velocidad que poseemos hoy. Además, deformó la esfera terrestre en el geoide que todos conocemos, vale decir achatada en los polos y dilatada en el Ecuador.

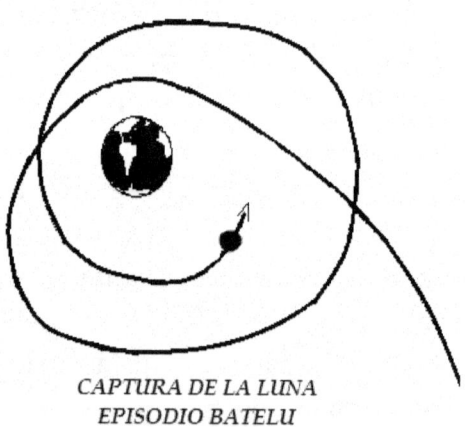

CAPTURA DE LA LUNA
EPISODIO BATELU

Badelun, al dejar su órbita de planeta, se asentó como satélite de la Tierra y pasó a llamarse **LUNA**. A este suceso o episodio lo denominaré "Batelu".

La interacción en el proceso del acomodo de la órbita de la Luna (Batelu) fue un nuevo y gran cataclismo para la

Tierra. Se produjeron enormes marejadas que sobrepasaban (aproximadamente 2000 a 3000 metros de altura) los continentes. Esto también acentuó la deriva continental, separando aun más las Américas de Europa y África, con gran actividad de las placas tectónica y de los volcanes. Además reinstaló sobre la roca los sedimentos de la erosión provocada por el Segundo Diluvio. Dicho de otra forma, las fuerzas de las mareas gravitacionales de la Tierra y la Luna, amasaron los componentes de la Tierra (en otras palabras, "amasaron la tierra de la Tierra").

Escribo con exageración con el fin de magnificar los hechos y mostrando las anomalías en las órbitas, la morfología y dinámica terrestre, como también las ausencias, el desorden y la discontinuidad en el ámbito local y general. También pretendo que se vean los ciclos en los eones; por la consecuencia del Primer Diluvio, el Segundo Diluvio y la captura de la Luna (BATELU).

Los efectos astronómicos para la Tierra

El movimiento de traslación disminuyó por el impacto con la nebulosa, que hizo bajar a la Tierra a la actual órbita. Seguidamente se adiciona el equilibrio de velocidades por la captura Badelun (Luna), disminuyéndole las velocidades de traslación y de rotación. Así, con esta captura, la Tierra precisó su rotación en 24 horas y su traslación en 365 días. Además, por el acrecentamiento de la hidrósfera y atmósfera a las cotas actuales, se intensificó la fuerza de gravedad al actual valor y también aumentó la densidad del planeta. Con el cambio de rotación se acentuó el campo magnético de polo a polo y, por ende, también el escudo protector de la magnetósfera. Con esta captura se le dio estabilidad al sistema Tierra-Luna.

Segundo Diluvio y Batelu

Razones y evidencias - Vestigios físicos

Mar Negro

Existe una hipótesis formulada por los geólogos William Ryan y Walter Pitman. Ellos demostraron que miles de años antes el mar Negro tenía un menor nivel y que sus aguas eran dulces. Eso está bien y en lo correcto, pero la teoría o el **por qué** después se rellenó con agua salada no me satisface. Estimo que las causas o razones que se aducen (proponen o sugieren) no están dentro de mi lógica. Si bien el desgarramiento del súper-continente Pangea dio origen a los distintos continentes y conformó los océanos y mares. El Mar Negro, Caspio y Mediterráneo se formaron a consecuencia de la deriva continental, la que aprisionó al mar de Tetis.

Posteriormente su contenido fue desalojado por la deriva de subducción del continente asiático y, además, por el avance y retroceso de los hielos en las eras glaciares. Así se estructuró la cavidad que cobija las aguas del Mar Negro.

Recordemos que el nivel del gran océano primario era inferior al actual en unos 100 o más metros y que esa región es emergente en el lado sur y el norte se hunde por efecto de placas convergentes de subducción y no ha padecido nunca ningún hundimiento generalizado, pero sí una estrechez en el eje norte-sur de la cuenca. En algún momento sufrió un proceso de desalojo de las aguas primitivas por el avance de los hielos de las eras glaciares, quedando la cuenca ocupada con agua dulce del derretimiento y retroceso de los glaciales. Por otro lado, el Mar Mediterráneo poseía un menor nivel que el actual, por lo tanto era imposible de remontar hasta el

Mar Negro. Esto fue un hecho, aunque se hubiese producido algún hundimiento generalizado en la zona del Mar Negro o el afloramiento o levantamiento del Mediterráneo, lo que significaría que éste habría vaciado agua al mar Rojo y no al mar Negro.

Distinto es decir que después de abierto el estrecho del Bósforo, por vaciado desde el Mar Negro al Mediterráneo, y habiendo subido el nivel de este último, se produzca el actual ciclo de termohalinas (corrientes marinas con diferencia térmica). Lo anterior implicaría que el actual contenido de agua salada del Mar Negro no proviene del Mediterráneo, ni tampoco del gran océano primario. Al no existir afluentes que viertan agua salada al Mar Negro antes de los 9500 A.C. queda la incógnita de la procedencia abrupta del contenido de agua salada del Mar Negro. Así, solo queda la alternativa del relleno con agua salada por causas del Segundo Diluvio universal y del episodio BATELU. Otro ejemplo muy parecido al del Mar Negro es el Mar Muerto.

Pozos o depósitos petroleros

Éstos se forman a partir de restos orgánicos enterrados y sometidos a condiciones adecuadas para que las bacterias los transformen en hidrocarburos. La gran cantidad o volúmenes en cada uno de los depósitos petroleros indican que necesariamente, en algún instante y de un solo golpe, se enterrara una gran cantidad de materia orgánica. No existe ningún yacimiento de hidrocarburo en la cima de una montaña, pero sí los hay en las depresiones, tanto en tierra firme como en las depresiones de la plataforma o fondo marino. Si los restos orgánicos fueron depositados con el transcurso del tiempo, cada capa de estos restos hubiera quedado expuesta al medio ambiente y su transformación hubiera sido otra y no en hidrocarburos. Por lo tanto, se infiere que fueron arrastrados por y en alguna gran avalancha (mezcla de barro con animales y vegetales) y sepultados en un solo evento. Se enseña que la materia orgánica sepultada sin oxígeno, en condiciones térmicas y de presión adecuada y por la acción de una bacteria, es transformada en petróleo y el proceso tarda millones de años. Respecto de eso, hay que recordar que han ocurrido muchísimos cataclismos en millones de años tales como: caída de grandes meteoros, terremotos, erupciones volcánicas, la gran presión de la deriva continental que eleva o baja los niveles de los continentes. Por otra parte, un yacimiento de petróleo (ya sea líquido, gaseoso o viscoso) posee una gran presión interna, la cual le permite fluir con fuerza cuando se abre alguna salida (perforación). Por lo tanto, si en muchos millones de años han ocurrido tantos cataclismos, sumado eso con la presión interna y la amplificación telúrica cuando es un líquido o se presenta viscoso, me pregunto: ¿por qué estos depósitos no sufrieron sus efectos? Creo que tendrían que haber sido reventados por fisuras o grietas producto de los sismos y de las catástrofes, los cuales se hubieran vaciado en el transcurso de los eones. Por tanto, estos depósitos de restos orgánicos se reunieron por causa del Segundo Diluvio y el episodio BATELU y fueron transformados o convertidos en hidrocarburos en tan solo algunos miles de años, para ser más preciso 9000 años AC. y no antes.

La extinción masiva

Ahora me voy a referir a la extinción masiva de muchas especies de animales tales como el mamut o el tigre dientes de sable, entre muchas otras. Hablaré de la merma del número de población o densidad demográfica de los animales y los seres humanos. Por algo se usa el término multiplicación cuando nos referimos a la reproducción, lo que significa que los hijos siempre son muchos más que las parejas progenitoras. Si han transcurrido tantos millones de años debería existir una superpoblación de animales, pero no la hay. Si bien han existido extinciones masivas, éstas ocurrieron hace ya muchas centenas de milenios y la última de las siete más grandes ocurrió en el holoceno. Se dice que fue hace 9.000 a 13.000 años atrás, al final de la última corta glaciación Younger Dryas y que las razones esgrimidas o aducidas son debidas al cambio climático y la proliferación o multiplicación y propagación del ser humano. Cuando apuntan al cambio climático como una de las condiciones causantes de la extinción de la megafauna en el comienzo del holoceno e incluyen al incipiente homo sapiens dentro de las causales, no me cabe la menor duda que estos factores están equivocados. O sea, lo digo con un modismo: "Yo no me lo trago" "I don´t eat that". Las razones son las siguientes:

Primero: El evolucionismo nos dice que los seres vivos van adaptándose al medio ambiente o sucumben a él. Si los grandes animales vivieron soportando toda la era glacial, tendríamos que suponer que eran lo suficientemente fuertes como para resistir el período cálido del comienzo del holoceno y más aún el período frío del Younger Dryas. Se sabe que durante el comienzo del holoceno la vida vegetal y animal proliferó con abundancia, lo cual significa que existía mucho alimento. Entonces solo nos queda el período frío del Younger Dryas. Si el mamut y otros grandes animales fueron expertos en sobrevivir o aptos o adaptados para resistir 80.000 años de era glacial, ¿cómo no iban a ser capaces de resistir pocas centurias de frío? La respuesta me parece que es otra.

Segundo: El homo-sapiens era un depredador de mamuts lanudos, tigres dientes de sable, búfalos gigantes, bisontes, milodones, rinocerontes lanudos, megaloceros gigantes, leones de las cavernas, osos de las cavernas, hienas de las cavernas, caballos americanos, castores gigantes, entre muchos más. Tendrían que haber estado exageradamente hambrientos aquellos homos-sapiens, para haber matado a tantas especies de animales y en tan corto tiempo, tanto que no alcanzaron ni siquiera a reproducirse. Esto nos induce a concluir que después de haber matado a tantos animales hasta la extinción, los "voraces y carnívoros" homos-sapiens tendrían que haberse extinguido también, puesto que habrían muerto por hambre al no tener más animales para comer. Además los homos-sapiens tendrían que haber rastreado minuciosamente todos los continentes, para que ninguno de estos animales se escapara de tan tremenda matanza. Hasta el día de hoy existen innumerables lugares a los que el ser humano no ha llegado físicamente. Por lo tanto, es imposible que la minúscula población de homos-sapiens en el comienzo del holoceno haya tenido el poderío suficiente para rastrear el planeta y eliminar o siquiera disminuir la población de todos estos grandes mamíferos. Por otra parte, también es importante considerar que estos animales eran fieras salvajes y no creo que fuera fácil cazar algún tigre diente de sable, un rinoceronte lanudo, un búfalo, un caballo americano o a cualquiera de tantas especies. Las razones van por otro lado.

Excúsenme lo sarcástico que he sido para refutar la teoría de la última gran extinción, puesto que la considero muy simplista y contradictoria, por no decir absurda. Es fácil oponerse a una teoría, lo difícil es proponer otra que sea mejor o más creíble. Para este caso propongo que se evalúen las siguientes evidencias que están a la vista:

En el comienzo del holoceno, alrededor de 18 mil años atrás, se inició un gran rebrote generalizado de vida. Esto siguió en aumento hasta hace 14.000 años cuando comenzó el período frío conocido como Younger Dryas, el cual tuvo su término con el Segundo Diluvio y el episodio Batelu que ocurrió hace 11.000 años. Por lo tanto, las cuantiosas e interminables precipitaciones y los tsunamis arrasaron con la gran mayoría de los seres vivos, ése fue el momento exacto de la extinción masiva. Expongo ejemplos:

-Las aves poseen una gran autonomía territorial, puesto que ellas se pueden trasladar a grandes distancias. No cabe la posibilidad de que su extinción haya sido por el homo-sapiens o por algún cambio climático local, puesto que ellas simplemente hubieran emigrado a zonas más adecuadas para la supervivencia. Pero el Segundo Diluvio fue global y afectó a todo el planeta, por lo que no pudieron escapar, porque además duró un período de tiempo muy prolongado.

-Para el mamut lanudo su gran envergadura y su abundante pelaje fueron su peor pesadilla, ya que el pelo absorbe mucha agua y se pone pesado. Debido a ello, no resistió a los embates del Segundo Diluvio y los tsunamis del Batelu. Además, se sabe que al recibir una inmensa masa de agua la gravedad del planeta aumentó. Por ende, estos animales y otros no tuvieron las fuerzas suficientes para bregar con el barro y las avalanchas, por lo que se extinguieron.

Lagos en altura que son salados

Son salados pese a que carecen de afluentes que aporten cloruro de sodio. Por ejemplo:
- El lago Titicaca, en Bolivia, a 3810 msnm. (Metros sobre el nivel del mar).

-El lago Poopó, Bolivia, a 3686 msnm.

-El lago Qinghai, ubicado en China en la depresión de la meseta tibetana, a 3294 msnm.

-El lago Natrón, Tanzania frontera con Kenya, está a 600 msnm, rodeado de cerros.

-Lago del Cráter; en Oregón, a 1882 msnm., no posee afluentes ni desagües.

-Lago Issyk-Kul, Kirguistán, a 1620 msnm., encajonado entre montañas.

-Gran Lago Salado, en Utah, a 1280 msnm., entre montañas al este y al oeste.

-Lago Burdur, en Turquía, a 845 msnm., flanqueado por montañas.

-Mar Chiquita (Argentina), Mono (EEUU) entre otros.

Todos estos lagos fueron llenados por las copiosas lluvias saladas del Segundo Diluvio y/o por los tsunamis marinos producto del episodio Batelu.

--Embalses naturales salados

Estos surgieron producto de los tsunamis o marejadas debido a los tirones gravitacionales al entrar en órbita Badelun y transformarse en satélite (Luna) de la Tierra. Ejemplos: Lago Karum (Etiopía), Lago Torrens y Lago Amado (Australia), Lago Enriquillo (República Dominicana), mar Chiquita (Argentina Córdoba), Salinas Grandes (Argentina Córdoba), Salar de Uyuni y Salar de Copisa (Bolivia).

--Embalses disecados

También se formaron por la consecuencia anterior, a los que el paso del tiempo los deshidrató. Ejemplos: Salar de Atacama y Pedernal (Chile), entre otros.

Vestigios por ausencia

La gran mayoría de los científicos niegan que haya existido el diluvio universal. Ellos aluden a la falta de evidencias. Solo aceptan que hubo grandes inundaciones por lluvias torrenciales en zonas muy acotadas y nunca en forma simultánea en todo el planeta. La principal razón que esgrimen, para tal negación, se fundamenta en que **no existe** un gran estrato de hielo (gran capa de hielo formado en un solo evento) que manifieste su presencia en los testigos de los sondeos realizado en los polos (tanto en Groenlandia como en la Antártida). La razón es válida a simple vista, pero al profundizar y analizar del modo como fue el diluvio, se llega a la conclusión de que no es bien interpretado ese fundamento y lejos de negarlo confirma el diluvio universal.

La no existencia de un gran rango o testigo en los estratos de hielo fósiles de una gran cantidad de hielo depositada de una sola vez en los mantos polares, sabiendo que el diluvio fue una lluvia torrencial que duró mucho tiempo, entonces debiera existir una gran capa de hielo de igual factura depositada en los estratos polares.

He repetido este argumento con el fin de demostrar que la lógica es correcta, pero a este argumento le faltan algunos datos que la harán tener una lectura opuesta.

La nebulosa marciana (energizada) que fue capturada o atraída por La Tierra cubrió a todo el planeta, por lo tanto, causó el efecto invernadero; tal fenómeno provocó la igualación de la temperatura a nivel global, entonces, por esa situación el ambiente en los polos tuvo rangos mucho más cálida que lo normal.

La gran masa de nubes formada por la nebulosa se precipitó con exagerada abundancia, tanta era la lluvia, que el líquido escurría sin alcanzar a congelarse.

Recordemos que el origen de la nebulosa fue por la incineración de Marte, en la cual se sublimaron las sales de los océanos provocando la explosión continua, la que expulsó del planeta a toda la atmósfera de Marte, la que estaba compuesta por los gases y el vapor de todos los mares, por lo tanto la nebulosa contenía gran cantidad de sales. Consecuentemente la precipitación ocasionada aquí en la Tierra por la nebulosa marciana era la mezcla de gases, vapor de agua y sales minerales. Por lo tanto el Diluvio fue salado. A saber que, el agua del mar se congela aproximadamente a una temperatura de -21ºC. Es válido concluir que esa torrentosa lluvia salada haya sido difícil de congelarse.

El efecto invernadero, la gran torrentosa precipitación y lo salado del Diluvio, nos indican los tres factores determinantes en la clave para demostrar que el Diluvio no produjo congelación, por el contrario, éste derritió gran parte de los polos, por lo tanto, no es posible que existan vestigios en los estratos de hielo polares de una gran capa congelada en un solo suceso.

También debo acotar que el nivel de los océanos primitivos era 100 m. inferior al actual. Por efecto del diluvio este nivel subió 160 metros, producto del agua procedente del espacio exterior y el derretimiento de gran parte de los polos. Luego esta cota se redujo al actual nivel al recuperarse los hielos de los polos. Con el peso de estos hielos polares los continentes ascendieron buscando el equilibrio del geoide.

Fósiles en tierras altas y en las cordilleras

La presencia de animales que yacen petrificados, depositados por la resaca de las grandes marejadas o tsunamis provocados por la entrada en órbita del planeta Badelun al convertirse en Luna, es una prueba de este acontecimiento.

Las sucesivas y gigantescas fuerzas de los tsunamis movían o trasladaban todo tipo de vida marina (moluscos, crustáceos, peces, etc.) y todo lo que encontraban a su paso. En muchos casos estos tsunamis atravesaban los bajos cordones montañosos, arrastrado todo en su paso, dejando o depositando su carga (escombros, derrubios, morrenas) en el lado oriental de estos cerros y cuando no lograban rebasar las grandes alturas de las cordilleras, estas aguas emprendían su regreso o su retirada, dejando en esos páramos lo que hasta allí había llevado la espuma.

Estas resacas están demarcadas claramente en líneas continuas en toda la cordillera, dependiendo de los desniveles o accidentes geográficos que preceden dicha demarcación.

--Los fósiles. Cuando los animales o los vegetales mueren, la naturaleza con sus mecanismos los descomponen rápidamente y éstos son reducidos a humus o tierra. No cualquier resto se convierte en fósil. Se necesitan condiciones especiales para su transformación, como, por ejemplo, que dichos restos no deben quedar a merced de los depredadores, ya sean grandes o microscópicos, ni expuestos a la oxidación. Por lo tanto, para que los animales y/o vegetales se transformaran en fósiles tuvieron que haber sido sepultados y aprisionados rápidamente con alguna potente arriada acuosa y con el transcurso del tiempo se produjo la conversión de los restos a fósiles.

La geología y la hidráulica

La estratigrafía es la rama de la geología que trata del estudio y lectura de las rocas sedimentarias estratificadas, y de la identificación, descripción, secuencia, tanto vertical como horizontal, la cartografía y correlación de las unidades estratificadas de rocas. La hidráulica es una rama de la física y la ingeniería que se encarga del estudio de las propiedades mecánicas de los fluidos.

Con estas dos disciplinas se puede descifrar el orden de la sedimentación y de los fósiles. También se involucran otras dos disciplinas en la graduación de la antigüedad de los organismos petrificados, me refiero a la física cuántica y la biología. La evolución en los seres vivos es la transformación gradual, o sea, un cambio conlleva otro y así sucesivamente, hasta el presente. De esta forma, la biología ordena la secuencia cronológica. El decaimiento de los átomos es la herramienta que los físicos utilizan para medir o datar el pasado.

Con la unión de estas cuatro disciplinas del saber se pretende estructurar el orden del desarrollo del pasado morfológico y fisiológico de la vida de la Tierra. Vale decir que cada especialidad se afirma y se sustenta con las otras, de modo que se potencian y nos entregan una secuencia del pasado cada vez más sólida.

El problema comienza cuando una o algunas de estas ciencias contienen errores y la unión cambia de positiva a negativa. Al no ser exactas, eso da lugar a la discusión o a la discrepancia. La falta de confianza radica, fundamentalmente, en la aseveración absoluta de la exactitud en las mediciones del decaimiento de los átomos. Por ello:

-Al no conocer las unidades de origen, no podemos determinar la razón de las cantidades actuales.

-Al no conocer las condiciones pasadas, se hace indeterminada la constante del decaimiento.

Por lo tanto: las dataciones usando como medida el decaimiento atómico puede que no sean del todo correctas.

En la evolución de los seres vivos, el orden del

desarrollo pausado y sostenido de la trasformación de los organismos, no siempre establece la cadena absoluta de las secuencias y sus derivadas, tan solo esboza o conjetura una relación cercana y supuesta de la pausada continuidad evolutiva de algunas especies. Que se entienda bien: me refiero a la evolución de algunas especies, en el sentido de la mera adaptación lenta al medio ambiente. Tampoco sugiero la generación de la vida en forma espontánea.

Hoy por hoy, se ha estudiado las transformaciones por efectos de los genes, pero nunca el motivo o la causa que altera o modifica la acción del gen.

Tal como el átomo decae dependiendo del medio ambiente, en menor medida también, los genes sufren esos efectos, ya que es obvio que su estructura está formada por átomos. Por esta causa, los genes son alterados o excitados provocando las mutaciones.

Desde el comienzo de la vida en la Tierra han ocurrido grandes extinciones masivas. Es obvio que la densidad y la diversidad desaparecieron. Por ende, la vida recomenzó con una revolución y no con la evolución. O sea, las mutaciones son la única alternativa posible para la proliferación de la diversidad de vida.

Con este razonamiento, manifiesto que las mutaciones son la base de la diversidad y no la lenta evolución. Dicho de otra forma: el desarrollo de la vida es bastante más reciente de lo que las ciencias han determinado.

Al impugnar dos de las principales disciplinas en que se sustenta la antigüedad de los fósiles, queda por analizar la geología y la hidráulica.

Una de las funciones más importantes del ciclo del agua es la erosión, el transporte y la deposición de sedimentos. Los líquidos siempre buscan el nivel más bajo, el proceso del fluir corroe y arrastra los sedimentos, los cuales deposita cuando entra en algún remanso o meandro. Se ha comprobado en laboratorio (por Alan Jopling, de Harvard), que los depósitos sedimentarios se pueden formar con mucha rapidez, tanto así que la conformación de cada capa de sedimentos puede formarse en cuestión de minutos. Al secarse y luego petrificarse, estos depósitos forman el registro estratigráfico. Contrariamente, los otros científicos datan cada capa con una exagerada diferencia de antigüedad, ello es correcto, pero **no** en todos los casos. En aquel momento de la historia geológica en la cual sucedió el Diluvio, se formaron sucesivos estratos con mucha rapidez y las muestras más claras son los "fósiles poliestráticos", éstos son grandes fósiles de animales y plantas, especialmente troncos de árboles, que se extienden cruzando a través de varios estratos, a menudo de 7 metros y más.

Con esto queda demostrado que las dataciones usando como herramientas del decaimiento atómico y la paulatina evolución, no son lo suficiente certeras para producir la unión positiva. Entonces nos queda la mecánica de los fluidos como única alternativa para conocer cuando un estrato fue antes o después, pero sin precisar años o fecha alguna, tan solo conjeturar una condicional datación. Los poliestráticos muestran una estructura de formación extremadamente rápida, tanto que los troncos de árboles o los animales fueron sepultados, por varios estratos de minerales en muy poco tiempo, luego todo el conjunto pasó por un período de deshidratación que lo solidificó y posteriormente se petrificó. Por lo tanto estos fueron formados por un acontecimiento de al menos unos días o semanas o tal vez en un par de meses de duración. De este modo se precisa que hubo grandes y rápidas riadas sucesivas que la formaron, por lo tanto es evidente que sucedió por un cataclismo lluvioso, vale decir, por el gran evento del Diluvio.

Boceto : ***Fósiles poliestráticos***
Autor: PastorMonteiro. Diluvio científicamente comprobado
Ref: http://bit.ly/gAeNWC

Los fósiles mezclados

En estos procesos, tomaron gran importancia las riadas diluvianas, en las cuales se vieron sepultados y aprisionados muchos animales y vegetales, los que con el paso del tiempo se convirtieron en fósiles. Como las anegaciones ocurrieron en cuencas bien definidas, éstas generaron grandes depósitos o cementerios de fósiles.

A continuación me voy a referir a los bolsones de fósiles encontrados en los Estados Unidos de Norteamérica.

Cito lo siguiente:
Publicado por Aureus el 23.2.09
Fuente: http://bit.ly/fvC1z0
Titulo: Descubiertos 700 fósiles, en Los Ángeles.
"Se destaca entre los fósiles el esqueleto casi completo

de un enorme mamut. En ese mismo yacimiento de fósiles había cerca de 700 especies, incluyendo un gran cráneo de león americano, huesos de leones, lobos, tigres dientes de sable y otros. Muchos fósiles encontrados en la brea Tar Pits (especie de barro asfáltico) están mezclados con otros huesos y no forman esqueletos completos. Los investigadores creen que este esqueleto ha quedado más entero porque, justo después de su muerte, fue arrastrado por una inundación y después cubierto por sedimentos suficientes como para mantener a los depredadores alejados de su carcasas".

En esta publicación se manifiesta que la data de los fósiles es de 40 mil años aproximadamente. También en el complejo del Museo de Historia Natural del Condado de Los Ángeles en California se encuentran yacimientos de brea asfáltica en los cuales se hallan gran cantidad de fósiles mezclados, igualmente la datación es de 40 mil años.

Nota: Para mí la data de estos cementerios de fósiles es bastante más reciente. Sé que contradigo los resultados obtenidos por los científicos, porque yo afirmo lo siguiente:

En el capítulo "La geología y la hidráulica" he cuestionado con algunos argumentos el decaimiento atómico. En este caso es muy relevante resaltar la condición del lugar o ámbito en que se encuentran los fósiles. La brea asfáltica es un compuesto que capta y retiene mucha energía, consecuentemente posee una temperatura alta y relativamente estable. Esta condición hace que a nivel molecular y atómico existan aceleradas reacciones a diferencia de otros ambientes que no retienen la energía y la liberan. Se concluye que en ese ambiente, el decaimiento atómico (carbono 14 y otros átomos radioactivos) es más rápido que en otros terrenos. Por lo tanto los fósiles hallados dentro de ese manto asfáltico, han tenido un rápido decaimiento atómico. Debido a lo energético del ambiente que aprisionó a esos animales, ellos se fosilizaron y sus átomos radioactivos decayeron tres veces más rápido que lo normal. Por lo consiguiente, los fósiles encontrados en la brea de Los Ángeles corresponden a los animales atrapados en el poderío del gran Segundo Diluvio y por los magnos tsunamis provocados por el episodio Batelu.

Erosión masiva

La falta de sedimentos en lugares cercanos a las cordilleras del lado oeste y lo contrario en Este, en el cual se encuentran extensas laderas y planicies. Los pasos de las montañas (2.000 a 3.000 metros de altura), fue el factor para que las grandes marejadas del episodio Batelu rebasaran las cordilleras y trasladaran los sedimentos (derrubios) desde el Oeste al lado Este. De esta forma se constituyeron las extensas llanuras orientales. En ellas (lado Este) se pueden encontrar abundancia de fósiles y yacimientos de petróleo. También las plataformas oceánicas son más extensas al oriente de los continentes, por el contrario, en el lado occidental estas plataformas son muy exiguas. Sobre el paralelo 60º Norte (Polo Norte) las áreas de hielo fueron parcialmente derretidas por el Segundo Diluvio, no sufrieron los embates frontales de los tsunamis. Allí solo hubo grandes corrientes que corrían de oeste a este, pero sí sobrevino el desgarramiento de icebergs por los tirones gravitacionales de la entrada en órbita de la Luna o episodio Batelu.

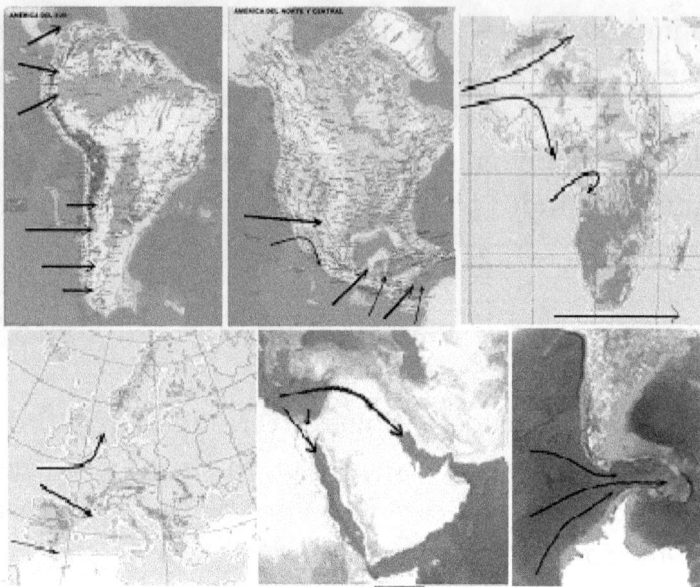

Zonas de flujo de tsunamis

Las flechas negras indican los lugares por los cuales las marejadas cruzaron los continentes. En algunos casos hubo sitios protegidos por las montañas o cadenas montañosas que impidieron o desviaron estos tsunamis, o el continente les sirvió de escudo. Es el caso de Madagascar, que sumado al hecho que es una isla en mar abierto, las grandes corrientes podían fluir por sus contornos y solo subían su nivel costero sin coparla o inundarla totalmente. Fue lo mismo que ocurrió en Nueva Zelanda, Indonesia, Papúa Nueva Guinea, Galápagos, Mauricio, Reunión, Rodríguez, Nueva Caledonia, etc. La gran diferencia entre los continentes y las islas radica en que los continentes encajonaban los fluidos y las islas no producían resistencia al paso de las corrientes marinas. En el caso de las islas de poca altitud y muy cercanas a los continentes, aunque dejaban pasar las corrientes sufrieron el embate de los rebotes o las resacas desde los continentes al provocar mareas cruzadas y amplificadas. Lo anterior sucedía por la mayor densidad del agua al estar revueltas con desechos. Tanto fue así que muchas de ellas simplemente desaparecieron al no resistir tanto desgaste. Es probable que aquel mito o relato de Platón referente a la Atlántida encaje dentro de este razonamiento.

El cañón del colorado

Ésta es una erosión ocurrida en un solo evento. Los terrenos son proclives a la erosión cuando son blandos, duros o semiduros. Las aguas buscan o se encauzan por las partes más blandas y la erosión se transforma en una zanja, o sea, la erosión siempre es vertical. En el caso del Cañón del Colorado, que está en una gran planicie de terreno homogéneo, en cuanto a su densidad o dureza y sabiendo que la erosión por agua es vertical, se concluye que se necesita un gigantesco torrente para desgastar el terreno conforme a la anchura que éste posee en este caso.

La teoría vigente de la génesis del Cañón del Colorado señala que se fue formando paulatinamente, teniendo lugar la mayor parte del proceso erosivo en los últimos 2 millones de años, por efecto de las lluvias y el derretimiento de los glaciares.

En el caso de que la erosión hubiera tardado millones de años, como lo proponen las teorías vigentes, tendrían que existir en el lugar del emplazamiento del Cañón (gran planicie) muchas cuencas o ríos de menor tamaño en vez de una gigantesca grieta natural (por anchura y profundidad). Además las riberas no tendrían rasgos de haber sido erosionadas por agua sino que presentarían rastros de erosión por derrumbes. Debido a que la erosión es vertical y las lluvias y derretimientos glaciares son paulatinos respecto al tiempo, éstas producirían profundas heridas en el terreno. Eso traería como consecuencia el derrumbe de las paredes laterales de la ribera, puesto que no existen en el cauce paredes con derrumbes o derribos. Es obvio que el primer desgastamiento tuvo el ancho del Cañón del Colorado (15 a 24 kilómetros) y obligadamente fue por una inmensa cantidad de agua ocurrida de una sola vez. En la medida en que este hecho disminuyó dejó las marcas del desgaste en las paredes laterales de la ribera, hasta llegar a la base de la actual cuenca.

Por otra parte, si la teoría vigente nos indica que el Cañón del Colorado necesitó tantos millones de años en esculpirse, los estratos fósiles no estarían a la vista puesto que se hubieran formado junto con él. Bien vale decir que los estratos se formaron antes que se formara la cuenca. Lo que hizo el Segundo Diluvio, además de formarlo, fue que dejó al descubierto todo el pasado vivido en aquellas latitudes antes de los 9500 años A.C.

Boceto: La gran planice en la irrumpe el gran Cañón del Colorado

--Desierto del Sahara

Existen vestigios de vida humana, vegetal y animal en abundancia previa a los 9.500 años A.C., es decir antes de que ocurriera el Segundo Diluvio y la atrapada de la Luna, lo que provocó el cambio climático al reorientar el eje terrestre y por ende las corrientes marinas (efecto termohalina).

Obras arquitectónicas erosionadas por agua de lluvias

El geólogo Robert Schoch, de la Universidad de Boston, publicó en 1998 unos estudios en los cuales confirmó que la Esfinge de Giza presenta erosión por lluvias. El problema es que en esa zona de Egipto las precipitaciones son muy escasas desde hace muchos años, o sea, a partir del final de la última glaciación.

La Esfinge de Giza erosionada por lluvia.
Fotografías de: Claudia Patricia Silva Aguad, 2006.

El Templo Mortuorio, que está muy cerca y es 30 metros más alto que la Esfinge, también muestra la erosión por agua de lluvia. Lo contrario ocurrió con la pirámide de Saqqara y la pirámide escalonada de Dyeser, que fueron construidas con materiales menos nobles (adobes de barro), las que se encuentran desgastadas solo por viento y arena y no por agua. Sabiendo que la distancia entre estos monumentos es muy cercana y que la acción de la naturaleza los afectaría por igual, concluiríamos que la Esfinge y el Templo Mortuorio fueron erguidos mucho antes que la pirámide de Saqqara y

Dyeser, o sea en tiempos en que sí hubo alguna fuerte precipitación de agua lluvia. Mas me atrevo a inferir, por el sentido común, que la Esfinge o sus complementos no se alcanzaron a terminar cuando ocurrió el Segundo Diluvio. Digo esto por la sencilla razón de que nadie construye dejando los escombros o desechos tapando el frente de una gran obra arquitectónica terminada. O bien fueron construcciones momentáneas o transitorias para albergar a los artífices de la Esfinge, los cuales no tuvieron tiempo para retirarlas puesto que sobrevino el Segundo Diluvio. En cuanto al rostro lo volvieron a esculpir en alguna dinastía faraónica (dícese que es Kefren, IV dinastía).

*La Esfinge de Giza semienterrada, vista por Napoleón.
Obra del francés Jean-Léon Gérôme, 1868 - Museo Británico de Londres.*

En tiempos de Kefren o Jefrén los egipcios encontraron sobre la superficie de arena una mole redondeada similar a una cabeza (la Esfinge se encontraba enterrada hasta el cuello, en gran parte por consecuencia del Segundo Diluvio). Ellos aprovechando la semejanza a testa que poseía la roca, esculpieron el rostro de su faraón. Es obvio que usaron las rampas como técnica para alcanzar lo alto y realizar la obra. Comenzaron a esculpirla, luego a medida que avanzaban, iban retirando las rampas hasta llegar al cuello, luego limpiaron el entorno y se encontraron con el resto del cuerpo de la antiquísima Esfinge, posteriormente con el transcurso del tiempo por efecto naturales (viento) el cuerpo de la Esfinge se fue aterrando con arena, hasta que fue desenterrada en el año 1926 y en 1988 emprendieron la restauración.

Los egipcios eran grandes escultores. Las pruebas están por doquier. Basta con ver y admirar las grandes y magníficas estatuas existentes para verificarlo. Hay que mirar el sentido de la perfección, proporción, la delicadeza de las terminaciones, etc. En definitiva, el arte antiguo egipcio destaca por su gran belleza y armonía. Dicho esto, lo que vieron los egipcios en Giza, en los tiempos de Kefrén, fue solo una mole de piedra caliza con rasgos semejantes a una cabeza. Entonces ellos, aprovechando esa apariencia, la esculpieron dándole la forma que hoy conocemos. Luego comenzaron a sacar las rampas de la escultura, continuaron excavando y se encontraron con el cuerpo de la antiquísima Esfinge. He ahí las diferencias entre la cabeza bien definida y el cuerpo con rasgos de erosión por agua de lluvia y la gran desproporción entre el cuerpo y la cabeza. Hago hincapié e insisto, el Segundo Diluvio fue salado, por lo tanto lo abundante y corrosivo de él produjo una rápida erosión en la primigenia Esfinge.

El hecho que la Esfinge de Giza tenga una datación inmediatamente anterior al Segundo Diluvio no afirma que las pirámides de Cheops, Kefren y Micerino fueran erguidas posteriormente, ya que ellas no poseen los mismos rasgos de erosión por lluvias. Por el contrario, ellas fueron concebidas y edificadas antes que la Esfinge. Estas magníficas y colosales maravillas fueron construidas y terminadas completamente, incluido todo su <u>revestimiento,</u> lo que las hizo impermeables a las copiosas lluvias diluvianas. Por ende, una vez terminadas las pirámides, construyeron la Esfinge y no la alcanzaron a revestir como lo hicieron con las pirámides.

*Comparación del estado de conservación de los monumentos.
Fotografías de Claudia Patricia Silva Aguad, 2006.*

La subida abrupta del nivel de los mares

La gráfica de abajo muestra los estudios realizados en distintos lugares del planeta del nivel del mar a través del tiempo. El cuadro indica que hace 140 mil años el nivel del mar era de 150 metros menos con respecto al actual. Posteriormente subió al nivel existente actualmente en el período cálido Eemiense, para luego caer rápidamente, lo que es una clara indicación que comenzó otra era glacial. Luego continuó con vaivenes en disminución hasta llegar a los 23 mil años atrás, donde permanece a -120 metros del nivel actual por un lapso aproximado de 3 mil años (al final de la era glacial Younger Dryas). Desde ahí comienza a elevarse para llegar al nivel actual en el que comienza la era cálida del Holoceno.

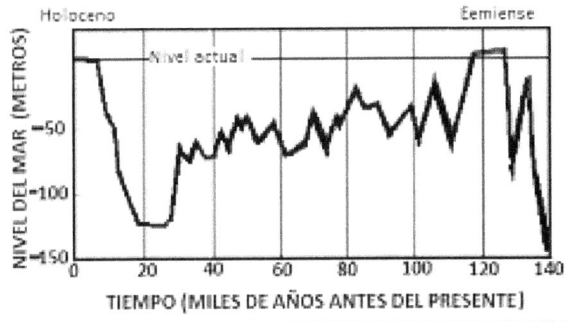

Nivel del mar según las terrazas de coral de Huon (Nueva Guinea)
Fuente: Historia del Clima de la Tierra - Autor: Antón Uriarte Cantolla – 2003.
Ref: http://bit.ly/eQfCLW   http://bit.ly/gWVPym.

Mi interpretación es la siguiente. El inicio del período Eemiense es consecuencia de los tirones gravitacionales de Badelun, que deja la corteza terrestre muy inclinada y rodando sobre su órbita por un lapso de 5.000 años. Luego, el mismo Badelun revierte la posición de la corteza a un punto intermedio y continúa con interacciones Tierra-Badelun durante varios milenios (80 mil años), hasta la entrada en órbita como satélite de la Tierra (episodio BATELU) en el comienzo del Holoceno, exactamente al final del Younger Dryas. Por otra parte, en cada interacción de Badelun-Tierra se provocaba una aceleración en la deriva continental. Por ende, variaba la circulación termohalina y además esos tirones gravitacionales le hacían perder parte de la atmósfera (incluido el vapor de agua) que se diluía en el espacio. O sea que la Tierra, entre el período Eemiense y el final de la Glaciación de Würm o Wisconsin, disminuyó el volumen de su atmósfera y agua por la fuga ocurrida al espacio exterior. La recuperación del agua y la atmósfera sucede al final del período Younger Dryas con el acontecimiento del Segundo Diluvio, el que elevó las cotas de los océanos a los niveles actuales.

Metano

El brusco descenso y posterior ascenso de la concentración del metano en la atmósfera corrió durante la glaciación del hemisferio norte, denominado Younger Dryas. Este bien delimitado y brusco cambio climático, tanto en su comienzo como en su final, no tiene parangón con ningún otro período anterior, sobre todo por lo concerniente a la etapa pos-Younger Dryas. Existen dos teorías del origen del metano.

A) La teoría predominante del metano en la atmósfera dice que éste es emitido principalmente por la vida y la muerte, tanto por los animales como por los vegetales. En la actualidad se suma a esto la industrialización. Pues bien, es evidente que antes de la revolución industrial todas las fuentes emisoras de metano eran naturales. ¿Qué ocurrió en el Younger Dryas?

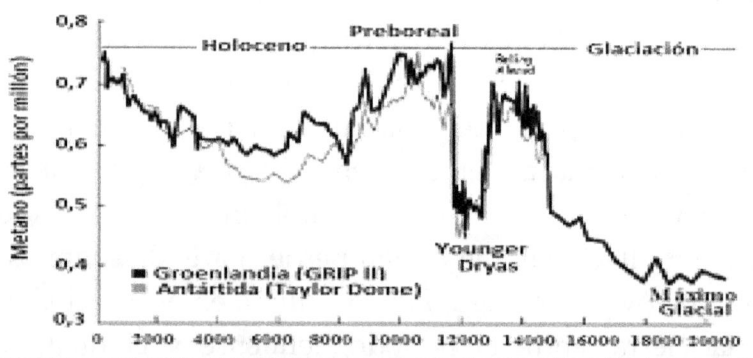

El metano en la atmósfera desde 20.000 años atrás hasta hoy.
Autor: Antón Uriarte Cantolla 2003
Fuente: Historia del Clima de la Tierra
http://homepage.mac.com/uriarte/historia.html

Previo al período del Younger Dryas, o sea, desde los 20.000 años a los 13.000 años atrás, existía una disminución acelerada (retroceso) de la era glacial y una proliferación de la vida vegetal y animal con una densidad quizás mayor a la actual. Pero al congelarse rápidamente el hemisferio norte en ese período, por el efecto de los tirones gravitacionales de Badelun que viró el eje de rotación de las capas continentales y parte del manto superior (máximo glacial), dejando bajo los hielos gran parte de los continentes nortinos casi hasta el trópico de Cáncer. De esta forma, se extinguió por congelamiento toda la vida animal y vegetal nortina. Por lo tanto, disminuyó en forma abrupta la emisión de metano a la atmósfera. Durante el Younger Dryas permanecieron congelados todos estos organismos muertos (animales y vegetales), por este motivo no se descompusieron hasta la arremetida del Segundo Diluvio, que derritió la capa de hielo que los contenía (al final del Younger Dryas). A algunos los dejó al descubierto, a otros los sepultó, de modo que se formaron los bolsones o depósitos petroleros y de fósiles. El resto que quedaba expuesto, se descompuso, emitiendo una gran cantidad de metano en dirección a la atmósfera. Semejante a lo ocurrido en el hemisferio sur, con la diferencia que en esa latitud no padecía la era de hielo (tenía máximo solar), pero sí sufrió los efectos del Diluvio y la arremetida del episodio Batelu.

B) La Teoría abiogénica del metano. La tesis propuesta en el libro *"The Deep Hot Biosphere"* (La biósfera profundamente caliente), escrito por Thomas Gold, expone lo siguiente: "los hidrocarburos han existido desde los primeros tiempos del universo, y son parte del proceso de formación de los planetas. Sus componentes, hidrógeno y carbón, se originaron en el "caldo primordial" del que se formó la Tierra. Dice Gold que el metano y el petróleo de la Tierra son abiogénicos, es decir que no tienen un origen biológico".

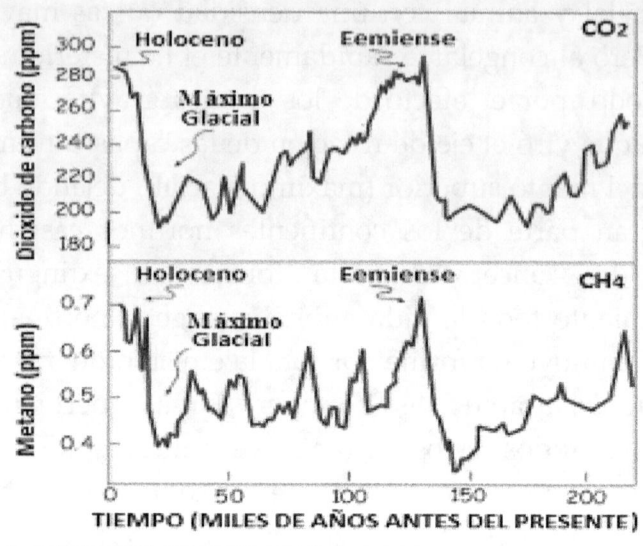

Metano y dióxido de carbono en la atmósfera de 200.000 años atrás al presente.
Instituto Ártico y Antártico de Rusia. Sondeo Vostok en la Antártida.
Fuente: Antón Uriarte. Historia del clima de la Tierra.
http://bit.ly/4YRrjr

Estas dos teorías no poseen contradicciones. Ambas son funcionales, pero ciertos alcances las hacen complementarse mejor. La predominante (A) no logra justificar el volumen de concentración del metano en la atmósfera. Y la teoría abiogénica (B) debido a su naturaleza u origen, no tiene la regularidad que debiera poseer en los eones, porque tendría que ser una declinación continua. Aun así, la teoría abiogénica es funcional dependiendo de los ciclos glaciales, los que a la vez son responsabilidad de los tirones gravitacionales de Badelun. Además en la gráfica se muestra una semejanza muy estrecha con la concentración en la atmósfera del dióxido de carbono (CO_2), cuyo proceso también está relacionado con los coqueteos de Badelun (explicación página 67). Recordemos que la interacción Badelun-Tierra provocaba la torsión de la corteza terrestre (interglaciales) y el desgarramiento del súper-continente

Pangea y la posterior deriva continental. En el caso específico, antes, durante y después del período Younger Dryas, desde los -18.000 años, comienza el último ciclo del acercamiento paulatino de Badelun. Éste va agudizando el desgarramiento de la corteza terrestre o deriva continental. Así facilita la emanación del gas metano a la atmósfera para llegar a un clímax en los -13.500 años, cuando Badelun revira la corteza terrestre dando origen al período glaciar del Younger Dryas. En esta etapa muchas fuentes emisoras de metano quedan obstruidas formando los bolsones de hidrocarburos o yacimientos petroleros. Al final de este período la llegada del Segundo Diluvio selló aún más estas fuentes, las que se reabrieron parcialmente con la captura de Badelun. En el período pos-Younger Dryas la Tierra ya ha capturado a su satélite, la Luna. Esta realidad ocasiona una continua interacción gravitacional Tierra-Luna, la que produce un efecto de bombeo consecutivo, lo que permite que desde las capas internas del planeta fluyan los gases y se liberen a la atmósfera.

De este modo se demuestra y se justifica que los pozos petroleros se estén volviendo a llenar, sin que medie alguna actividad humana.

La siguiente propuesta posee un gran valor económico y también es útil para confirmar parte de mi teoría.

Reactivación de yacimientos de hidrocarburos

Al imitar o recrear artificialmente el proceso natural antes mencionado, donde la Luna ejerce un bombeo cíclico cada 24 h 27' sobre cada punto o zona de la Tierra, tendríamos la posibilidad de reactivar los yacimientos de hidrocarburos. Por lo tanto, para que los pozos petroleros tengan una rápida recuperación es necesario hacer lo contrario de los métodos utilizados. Esto es producirle un vacío al pozo, o sea, simplemente succionar el aire. Con este sistema las vertientes subterráneas incrementarán el flujo del petróleo al bolsón. Dicho de otra forma, se debe usar el método de la ordeña mecánica: mientras se realiza el vacío, otra máquina absorbe el vital elemento de la parte intermedia o, mejor dicho, sobre el nivel del agua del pozo.

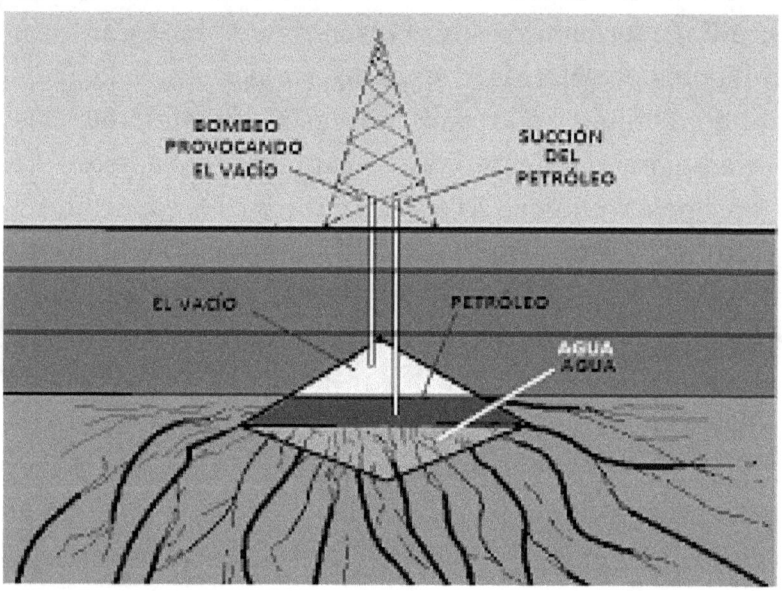

Reactivación por vavío. © Luis Delgado Salez 2010

Nota: Autorizo el uso práctico de este método y dado que será muy lucrativo, pongo como condición que promocionen este libro tanto como a su autor, además deben comunicárselo. Si posteriormente desean hacer otro reconocimiento, bien venido será.

Los niveles de dióxido o anhídrido carbónico

Hoy nos encontramos con un ascenso en los niveles atmosféricos de este gas carbónico y es por el efecto de la actividad humana (antropogénicas), pero al compararlos con los que hemos tenido en el transcurso de los tiempos es mínima. En los eones de nuestro planeta las fuentes emisoras de este gas han sido por causas naturales, provocadas por los volcanes y los incendios naturales.

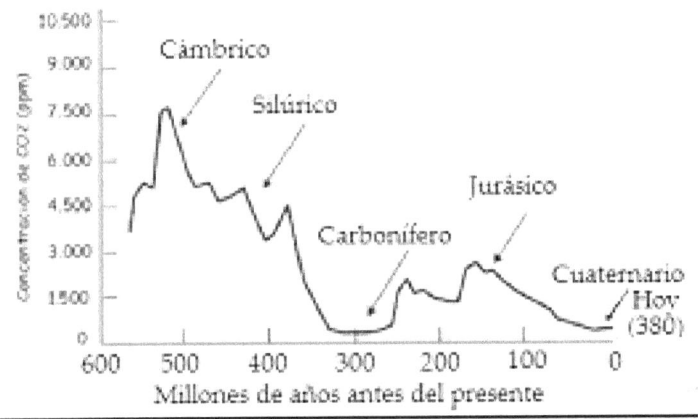

Fuente: Niveles de CO2 según R.A. Berner, 2001 (GEOCARB III).
http://homepage.mac.com/uriarte/historia.html

En este gráfico se expone las fluctuaciones de los niveles de CO2 (anhídrido carbónico), debido a que las fuentes emisoras fueron naturales. Se diría que los picos tienen equivalencia con una mayor actividad volcánica y que la primera curva hasta el valle (carbonífero) es parte importante del lento proceso de enfriamiento terráqueo. El nivel bajo de CO2 en el valle corresponde al efecto de la caída de aerolitos de hielo o remanentes de la colisión y destrucción de Cisterna con

Badén, o sea, al violento enfriamiento por éste. Luego del valle, nuevamente la actividad volcánica y los incendios elevan el anhídrido carbónico a un rango equivalente a menos de la media de la primera curva, para terminar en una decadencia paulatina hasta el holoceno. Esto demuestra el lento enfriamiento del núcleo terráqueo y que la subida actual es antropogénica. Por otra parte, es peligroso que las fuentes emisoras vengan por la actividad humana, por no existir en la naturaleza algún contrapeso capaz de neutralizar tal emisión.

El vulcanismo y la deriva continental

El Sol tuvo un parto múltiple de planetas: nacieron cinco. Los quintillizos fueron: Mercurio, Venus, Tierra, Marte y Badén. Todos ellos nacieron metálicos e incandescentes, de distintas dimensiones y alojados en diferentes órbitas. El proceso de enfriamiento de los planetas aún perdura. Los tiempos difieren debido al tamaño de la masa, al tipo de elementos que la componen, a los accidentes astronómicos y a la distancia que los separa del sol. En el comienzo estos planetas brillaban como las enanas marrones, hervían gorgoteando, expeliendo gases y magma. El consecutivo irradiar producía un lento enfriamiento. Así se fueron creando costras de menor temperatura las que ponían resistencia a las burbujas que trataban de escapar desde el interior y que empujaban levantando parte de la costra. En algunos casos solo la rompían o la quebraban, en otros las volteaba o la daban vuelta. En fin, el caos producido por el gorgoteo terminó formando grandes costras con montañas. La Tierra, al igual que el planeta Marte, sufrió un brusco enfriamiento cuando ambos fueron receptores del agua asperjada por la colisión de los planetas Badén con Cisterna (Primer Diluvio). También el choque y destrucción de estos dos astros dejaron el espacio interplanetario sembrado de escombros, unos metálicos y otros de hielo de agua. Aún hoy vagan los desechos metálicos en distintos orbitales y en el pasado remoto éstos bombardearon a los planetas. Los mayores afectados o receptores y afortunados fueron Marte y la Tierra. De este modo, se les enfrió la superficie a estos mundos y así obtuvieron suficiente agua para formar océanos, pero sus núcleos se mantenían incandescentes y líquidos. El proceso de enfriamiento no se detuvo. Continuaron emanando gases y magma, pero como la costra que cubría toda la superficie de los planetas ya era muy gruesa y además ya poseían océanos, los gorgoteos del magma rompían la corteza solo por las partes más débiles y ésta fluía formando los volcanes. Éstos son, hoy en día, la dorsal del fondo marino, que es una cadena volcánica que corre de norte a sur en el fondo Atlántico (son placas divergentes o sea se separan), a diferencia de los que se forman por la fricción producida por la subducción de las placas tectónicas. Digo fricción cuando la litósfera se hunde penetrando en el manto superior o astenósfera (que posee una mayor temperatura y está parcialmente fundida), la litósfera se enrosca mezclándose y friccionándose con la astenósfera, así se aumenta su temperatura y revientan o fluyen por las fisuras en forma de un volcán. En el caso de Marte su gestación fue igual que la Tierra, pero su menor volumen y con su órbita más alejada del Sol. El enfriamiento marciano fue algo más rápido que el de la Tierra. Por la lejanía con el Sol y por su cantidad de masa, el enfriamiento se aceleró con el Primer Diluvio y el bombardeo de meteoritos de hielo producto del episodio Badén-Cisterna, lo cual dio origen al gran océano en las superficies bajas en el hemisferio norte marciano. Además, el enfriamiento fue muy profundo y conformó una corteza de gran espesor, tanto así que la convección del calor del núcleo no fue capaz de romperla para formar placas tectónicas, pero encontró su salida por muy pocos lugares, liberando la presión interna del magma. Por ende, Marte detenta el récord de poseer el volcán más alto del sistema solar (Olimpo). En las tierras bajas del norte marciano se encuentra una menor cantidad de cráteres por meteoritos, porque ellas se hallaban cubiertas con el gran océano marciano, a diferencia de las tierras altas del sur que sí muestran las heridas causadas por los impactos de los meteoros. O sea, las tierras bajas como las altas poseen la misma antigüedad, pero fueron afectadas en forma diferente.

Las placas tectónicas conforman la corteza terrestre. Éstas resbalan o se deslizan sobre el manto superior (astenósfera). Las razones por las que se mueven son varias: la diferencia de rotación del núcleo con la corteza, la búsqueda del equilibrio del geoide terrestre, la presión de los polos en las glaciaciones y sus retrocesos, la presión de la convección por el calor interno del planeta (dorsal), y las de índole astronómicas como la rotación y las fuerzas o mareas gravitacionales del Sol y la Luna.

La gran costra primigenia formó el continente que conocemos como Pangea, la que fue fracturada por la misma incandescencia que la originó. Además, es necesario puntualizar que el planeta no poseía océano alguno y que esta costra flotaba sobre el magma. Con la llegada del Primer Diluvio y la ocurrencia del bombardeo de meteoros de hielo procedentes de aquella colisión Badén-Cisterna enfriaron y deformaron la superficie esférica del planeta, formando la corteza y constituyeron el gran océano Panthalassa. El desequilibro del planeta provocó que la enorme costra o manto que conformaba el gran continente Pangea se quebrara en placas y comenzara a separarse agudizada por la aprisionada y enclaustrada magma. El movimiento de convección se acrecentó debido a que la corteza tenía una temperatura muy baja, provocando salidas esporádicas de magma por intermedio de volcanes. El movimiento de la deriva continental se incrementó cuando la errante y caótica órbita de Badelun tenía sus encuentros cercanos con nuestro planeta. La máxima aceleración de la deriva continental acaece con la atrapada de Badelun (episodio Batelu) para bautizarse como la Luna, el satélite de la Tierra.

Los episodios Heinrich - YD

En la gráfica se muestran con franjas verticales (nominadas YD, H1, H2, H4, H5, H6). Éstas representan los períodos en que se produjeron los Episodios Heinrich (desprendimiento masivo de icebergs del ártico) y los números representan a los eventos cálidos Dansgaad-Oesschger (interglaciales). Se indica también la compartimentación temporal en estadios isotópicos marinos (mis).

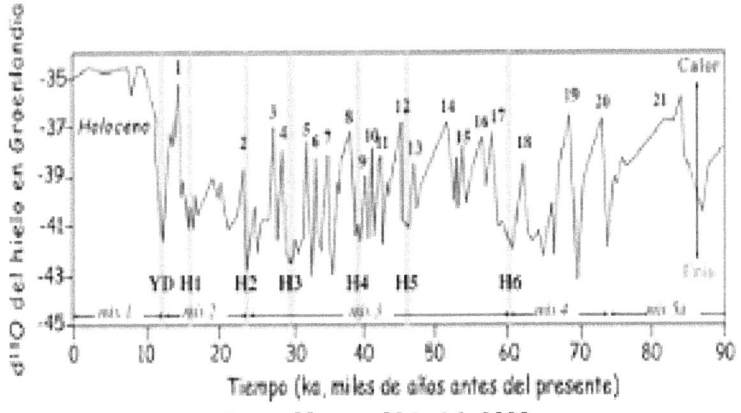

Autor: Harmut Heinrich 1988
Ref.: http://homepage.mac.com/uriarte/interestadiales.html.
Fuente: http://homepage.mac.com/uriarte/variabilidadglacial.html

Los episodios expuestos por el científico Harmut Heinrich fueron los desprendimientos masivos de icebergs en el Atlántico Norte.

Cuando los icebergs se desprenden del casquete polar, éstos viajan arrastrados por el viento y por las corrientes marinas y se van derritiendo con la temperatura de las aguas y del viento en cuanto avanzan a latitudes más cálidas. La formación de los icebergs es producida por el deslizamiento del manto del casquete polar, el cual lleva consigo en su base trozos de la roca (detritos). Cuando se desprende o suelta, esta masa de hielo es trasladada a grandes distancias, hasta zonas subtropicales en donde se derriten, dejando caer al fondo marino su carga que son los derrubios, para así formar los sedimentos, que son los testigos de las épocas en que fueron depositados.

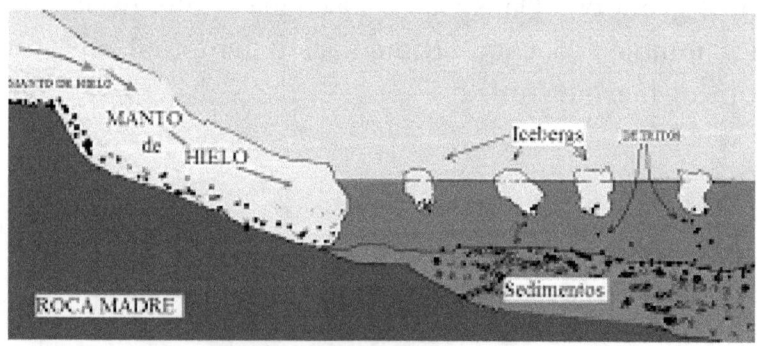

Desprendimiento de Icebergs.
Ref: http://homepage.mac.com/uriarte/Esta.html

El desprendimiento masivo de icebergs sucede por el deslizamiento del manto, debido a la mayor presión por acumulación de hielo en el polo y/o por algunas otras fuerzas que tiren la masa, (tal como ocurre con las mareas en los océanos y lagos, debido a la atracción de la Luna). Me refiero a los tirones gravitacionales de Badelun. La frecuencia de los mayores desplazamientos del manto polar tiene cierta reiteración que, para mi entender, corresponden a la frecuencia de cercanía de Badelun cuando acosaba a la Tierra.

Bruscos cambios en la temperatura de los polos

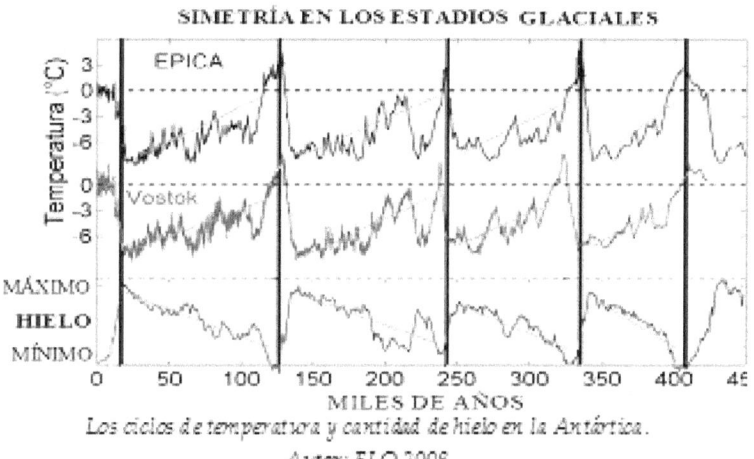

Los ciclos de temperatura y cantidad de hielo en la Antártica.
Autor: ELQ 2009
Fuente: http://es.wikipedia.org/wiki/Archivo:Ice_Age_Temperature.png

En el gráfico se enmarcan los ciclos con nitidez, los que muestran repeticiones en los cambios muy bruscos en el alza de la temperatura, para continuar con paulatinos descensos. Los números 400, 330, 240, 125 y 14 muestran cuando la Tierra pasaba por dentro de la órbita de Badelun. La gráfica indica en estas épocas las mayores interacciones gravitacionales debido a la máxima cercanía Tierra - Badelun. En la medida en que la órbita de Badelun era más distante los tirones disminuían, en cuanto más separados, interactuaban cada vez con menor fuerza, para luego arremeter y virar el eje terráqueo y comenzar otro ciclo. También estos ciclos están demarcados con la mayor concentración de metano en la atmósfera.

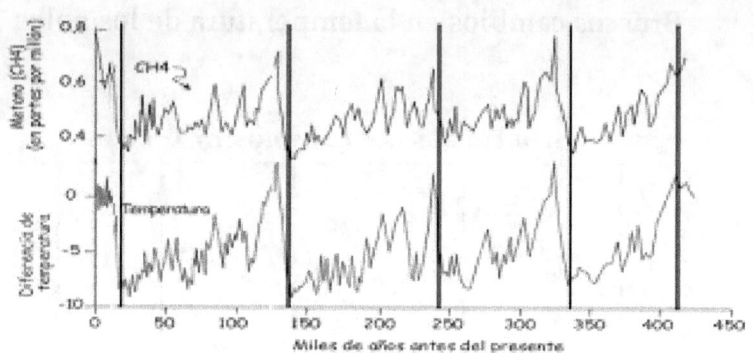

Los ciclos paralelos de temperatura y el metano de la atmósfera.
Fuente: http://www.giss.nasa.gov/research/features/methane/

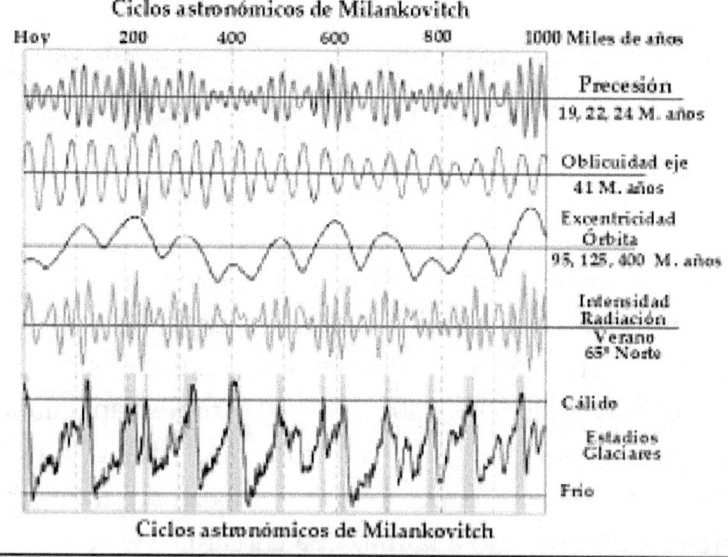

Ciclos astronómicos de Milankovitch.
Fuente: Wikimedia Commons. Permiso Autor SAE 1962
http://es.wikipedia.org/wiki/Archivo:Milankovitch_Variations_large.png

---Nótese: Los ciclos astronómicos de Milankovitch, contrastados con mi teoría, en cuanto a las fluctuaciones que le provocaban los tirones gravitacionales del planeta Badelun a la Tierra. Existe una gran diferencia, que radica fundamentalmente en que el gráfico de Milankovitch muestra varios aspectos, como son la suavidad o la continuidad paulatina en la precesión, la oblicuidad del eje terráqueo, en la excentricidad de la órbita y la radiación solar. Esto sucede en contraste con los cambios abruptos en los estadios glaciales que se aprecian en los saltos del máximo glacial a los interglaciales, los cuales fueron producidos por los coqueteos de Badelun.

La captura de La Luna

El estudio de los isótopos de oxígeno y otros componentes atmosféricos atrapados por el hielo revelan las variaciones climáticas del pasado. Los proyectos de investigación climática realizados en la Antártica (Vostok y EPICA) y en Groenlandia (GRIP), han realizado sondeos para la obtención de muestras de hielo y sus análisis. Estos tres grandes emprendimientos de investigación han realizado innumerables mediciones, abarcando muchos milenios. Una de sus gráficas (delta-O18 vs age), que cubre 40.000 años, muestra los ciclos de variación climática y confirma el periodo frío del Younger Dryas (duración aproximada de 1.300 años). Obviamente en esos testigos no existe evidencia alguna que muestre un gran estrato de hielo acumulado de una sola vez. Esa carencia se debe al efecto producido por el Diluvio (explicado en el capitulo "Vestigios por ausencia").

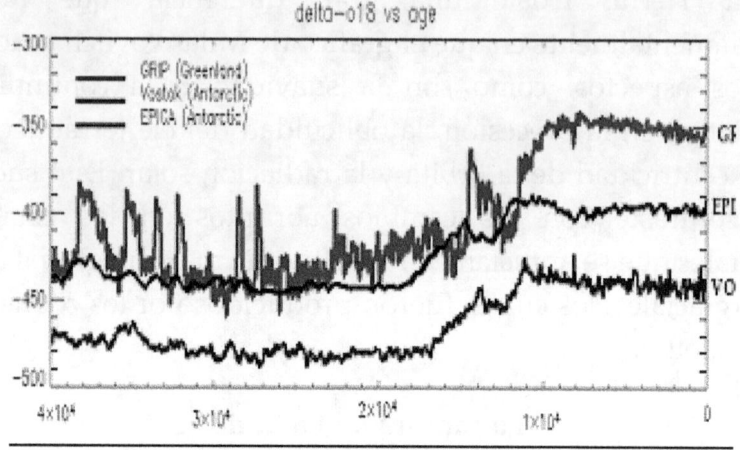

Imagen Epica-vostok-grip-40kyr.png.
Autor: William M. Connolley 2005.
http://en.wikipedia.org/wiki/File:Epica-vostok-grip-40kyr.png
http://es.wikipedia.org/wiki/Archivo:Epica-vostok-grip-40kyr.png

Me hubiera gustado intervenir este magnífico y meritorio gráfico, pero no poseo los permisos pertinentes, por lo tanto solo lo analizaré desde el punto de vista de mis teorías.

La línea GRIP representa las mediciones hechas en Groenlandia. Estos vaivenes van demarcando las diferencias de los isótopos de oxígeno y otros componentes atmosféricos, los cuales son representativos de las variaciones climáticas. Éstas son los estados del clima o mejor dicho son la consecuencia de algo que afectaba al clima.

Las crestas o picos corresponden a la cercanía del planeta Badelun con la Tierra. La interacción de las fuerzas de gravedad de Badelun le provocaba el cambio de posición a la corteza terrestre, de este modo todo el ecosistema del planeta variaba. Estas bruscas modificaciones traían como consecuencia el aumento de la superficie libre de hielos en la tierra. Por lo tanto, existía un aumento en la cantidad de vegetación y, por ende, una superior liberación de oxígeno a la atmósfera. Por consecuencia la radiación solar (luz ultravioleta UV) permitía la formación de mayor cantidad de isótopos de oxígeno, los que a su vez fueron atrapados en los hielos polares.

La ocurrencia de los vaivenes de la corteza terrestre me indica que el planeta Badelun se acercaba o alejaba de la Tierra. Cuando Badelun pasaba por sobre la órbita de la Tierra le giraba en un sentido y cuando lo hacía por debajo, o sea, entre la órbita terrestre y la de Venus, le reviraba en sentido contrario a la corteza terrestre.

En la gráfica (arriba) existen ciertos ciclos. Me refiero a los 4 picos GRIP entre los años 32.000 y 38.500 que corresponden a los acercamientos del planeta Badelun. También existen 2 secuencias importantes, ésta es la que comienza en el año 38.500 declinando hasta el 35.800 (SC1) con la que comienza en 14.500 declinando hasta 11.800 (SC2). Estas 2 secuencias (SC) tienen una duración de 2.700 años. Al término del SC1 le siguen 3 picos secuenciales, a diferencia del SC2 que en su término se eleva como pico pero se mantiene a un nivel que perdura hasta nuestros días. Es al final de SC2 cuando Badelun tiene el máximo aceptado de cercanía con la Tierra. Como consecuencia, en ese instante se produce el episodio Batelu. La toma de posesión de la Luna estabiliza el ecosistema, manteniéndose hasta hoy. El motivo por el cual Badelun tiene su máximo aceptado de cercanía, se basa porque la Tierra perdió velocidad y cayó a una órbita más baja (más cerca del Sol) y eso ocurrió por la consecuencia del Segundo Diluvio mundial.

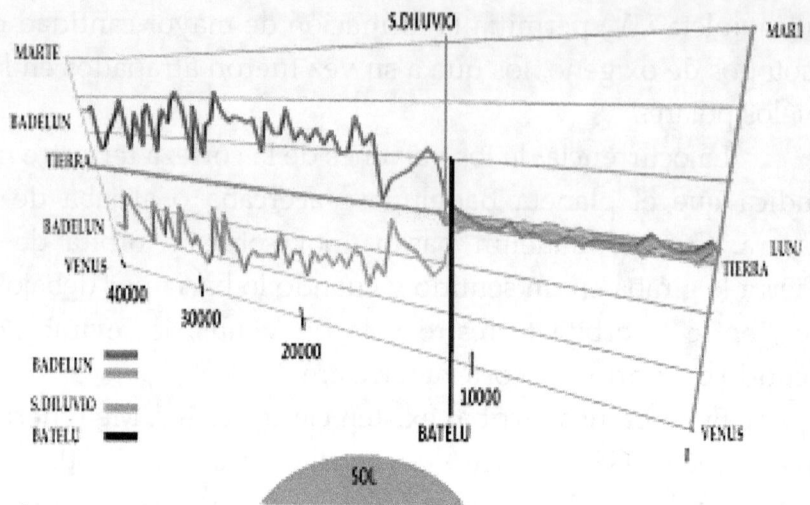

Órbita de los planetas y la del errante Badelun, Segundo Diluvio-Batelu, Luna.

En esta gráfica marco con claridad absoluta cuando Badelun acosaba a la Tierra, el momento que ocurrió el Segundo Diluvio seguido del episodio BATELU al tomar posición la Luna. Así se logró el equilibrio al sistema binario Tierra-Luna.

Es importante tener presente que son muchos los factores que inciden en el clima y que el factor que propongo es desequilibrante y cíclico en los eones y estabilizador en el holoceno. También sirve como respuesta a muchas interrogantes o problemas existentes.

La interpretación y la conjugación que he realizado de todos esos gráficos y datos científicos, me han permitido la unión positiva en la afirmación de las teorías que aquí expongo.

A continuación del análisis físico, abordaré estas teorías desde otra perspectiva, los cuales también aportan datos para la ratificación del Segundo Diluvio.

Vestigios testimoniales escritos

Mapas de Piri Reis

Fueron publicados en 1523. Estas son copias de mapas de otros mapas y mapamundis más antiguos, de tiempos anteriores a Alejandro Magno. Éstos nos indican que hubo una civilización que los realizó en un período en que esas áreas del Polo Sur no estaban congeladas y disponían de navegación adecuadas para llegar a esas latitudes, además de poseer una gran cultura en el conocimiento de la cartografía (no conocida hasta hace muy poco tiempo). Esta cultura sucumbió con el Segundo Diluvio, pero ciertas circunstancias salvaron a algunos poquísimos individuos. Él o ellos traspasaron parte de los conocimientos a Egipto, América y a otros lugares.

Nota: En este período (Younger Dryas) el continente de la Antártida (polo Sur) sufrió cambios opuestos al polo norte, o sea con el tirón gravitacional de Badelun viró el casquete terrestre a una posición del máximo glacial absoluto, el polo sur quedó solar o de máxima insolación. Por lo tanto, se derritió dejando al descubierto la tierra firme del continente, por un espacio aprox. de 800 a 1300 años, en el cual algunas personas de una gran civilización prediluviana pudieron cartografiar esas latitudes, siendo estos mapas el origen de las copias de copias de mapas que copió Piri Reis en 1523 de nuestra era.

Escrituras cuneiformes de Mesopotamia

En la epopeya de Gilgamesh; relatos de Beroso (sacerdote babilonio de Marduk) entre otros. Son bastante conocidas las traducciones de esas antiguas tablillas, con dataciones anteriores a las dinastías faraónicas, en las que muchos de estos escritos en cuneiforme han sido contrastados con otras culturas, en las que se encuentran bastantes similitudes. Una de estas traducciones, realizada por Enrique Rawlinson, me llamó la atención. Cito:

Al finalizar la construcción del Arca, "Noé embarcó a los animales y al terminar cerró la nave, porque comenzó el Diluvio, él se durmió y al despertar bebió agua y esta estaba salada, entonces tomó vino y se embriagó".

Las interpretaciones que los eruditos le han dado a este relato es: "Cuando Noé tomó agua el Arca se encontraba en el medio del mar, o sea en el Golfo Pérsico".

Mi punto de vista es el siguiente: Noé comercializaba sus productos a través del río Éufrates, vale decir él tenía experiencia en la navegación fluvial y por ende cuando tenían sed simplemente sacaban agua del río y la bebían. Con esta práctica, imagino que Noé no cargó agua para beber en el Arca. Por otra parte, cuando una persona ha tenido gran gasto físico, se fatiga hasta desfallecer o dormirse, pero despierta rápidamente con una tremenda sed. Vamos a exagerar suponiendo que él se durmió y demoró 12 horas en despertar. Si el Arca fue construida en la ribera del Éufrates sobre tierra firme, la inundación del Segundo Diluvio tiene que haber demorado algunas horas (supongamos 6 horas) para alcanzar el nivel en que se encontraba el Arca y hacerla flotar (recordemos el gran peso que contenía el Arca); o sea, por el río iba un tremendo caudal que durante 6 horas estuvo vertiendo aguas más que turbias en el Golfo Pérsico y estas aguas densas fueron desplazando las aguas del mar y luego el Arca fue arrastrada desde el punto de origen hacia el Golfo, y es obvio que hubieron 6 horas más del desplazamiento de las aguas marinas, por lo tanto cuando

Noé despertó se encontraba sobre las aguas del río y no en las aguas de mar del Golfo Pérsico, por lo tanto él bebió agua de río y la encontró salada, aunque geográficamente se hallaba en el golfo. El análisis es basado solo sí Noé durmió antes de beber agua, porque sí Noé bebió agua del río al terminar de estibar y la encontró salada, tiene igual valor la conclusión que demuestra que el agua del río estaba salada. Con esto compruebo que el Segundo Diluvio fue salado.

El Arca de Noé y otros

En las escrituras cuneiformes también se menciona que sobre el monte Ararat es el lugar en que vara o encalla el Arca. Las creencias (creacionistas) explican que el Segundo Diluvio anegó todo el planeta hasta sepultarlo totalmente; a lo que los evolucionistas replican que físicamente es imposible. Mas yo digo: "que ambos tienen la razón y a la vez no la tienen". Usted dirá: ¡Es paradójico o contradictorio! o ¿es una ambigüedad? Mas yo afirmo que: ¡no tiene porqué ser disyuntivo! Con mi teoría explico que es tan solo dicotomía: El último ciclo de los tirones gravitacionales de Badelun que comenzó aproximadamente entre los 100 a 80 mil años dio origen a la era glacial Würm o Wisconsin el cual terminó hace unos 18 mil años; en el último quinto la interacción entre Badelun-Tierra era cada vez más débil de modo que permitió que la Tierra se enderezara y diera término a la era glaciar, la vida florece en abundancia hasta hace 14.500 años cuando Badelun tiene su máxima cercanía tendiendo a recomenzar el ciclo de 80 mil años la que dio origen al período helado Younger Dryas, el cual tuvo su término hace 11 mil años con la atrapada de la nebulosa marciana, o sea con el Segundo Diluvio, lo que hizo que el planeta Tierra bajara o cayera a su actual órbita la que por fortuna y o desgracia estaba ocupada por la órbita del planeta Badelun el que fue capturado por la Tierra adjudicándoselo como su satélite, hoy llamado Luna, con ésta captura se dio estabilidad al sistema Tierra-Luna y dando término a los ciclos Badelun o eras glaciales e interglaciares.

Usted se preguntará dónde encaja el Arca de Noé y como se reconcilian las dos corrientes antagónicas de pensamiento.

Pues bien, al término del Segundo Diluvio fue atrapado el planeta Badelun (episodio Batelu). Este proceso provocó grandes tsunamis en la Tierra y estas gigantescas marejadas arrojaron el Arca de Noé hasta el monte Ararat, en el cual varó. Los moluscos fósiles que se encuentran a media altura en la cordillera de los Andes es la prueba de este proceso.

--Ni tantos ni tan pocos

Quizás fueron muchas las Arcas de Noé alrededor del mundo. Respecto a los animales que los navíos cobijaron, tan solo fueron los que por fortuna eran domésticos. El resto de los humanos y de la fauna salvada, fueron aquellos que se encontraban en bolsones protegidos por cordones montañosos y los que estaban más arriba de la acción de los tsunamis (como los incas y los tibetanos).

--Ni tan lleno ni tan vacío

Las aguas del Segundo Diluvio no taparon las altas cumbres, pero sí existió y no fue local, sino que fue global. Además las marejadas producidas por el episodio Batelu pasaron, en algunos casos, por sobre las cumbres de las montañas.

En cuanto al Arca, se han encontrado vestigios de ella,

pero los análisis científicos realizados respecto a su datación, concluyen que tienen tan solo 1.300 años de antigüedad. El resultado obtenido adolece de errores, puesto que no se toman en cuenta algunos factores muy importantes en el decaimiento de los átomos. Algunos de estos factores son: el rango de temperatura ambiental (varios grados bajo cero) y la altura respecto al nivel del mar en que se ha encontrado el objeto a medir, entre otros. Al existir algún parámetro que no se ha ponderado, el resultado es equívoco. Por lo tanto, la data usando el decaimiento atómico esta errado.

Justificaciones post Segundo Diluvio

La continuidad de la vida animal y vegetal

Un coco viaja a la deriva y recorre los continentes impulsado por el viento y las corrientes, para finalmente varar en una isla desierta y germinar como una palmera igual a su progenitora y así comenzar un nuevo ciclo.

Un bulbo permanece enterrado durante años en pleno desierto, esperando las condiciones apropiadas para su renacer y entregar todo su esplendor.

La doca común. Basta un gajo de la planta para reproducirla y se adhiere con facilidad en suelos pobres y salinos.

Estos son ejemplos de plantas que sobreviven en condiciones extremas y hay muchísimas otras.

Las semillas, patillas, estacas, esquejes, codos, gemación, rizomas, bulbos, tubérculos, esporas, tallos, hojas, raíces. Este es un listado de las distintas formas con que se pueden reproducir las plantas, pero en general existen dos tipos de reproducción en los vegetales: vegetativa o asexual y sexual o generativa; también se pueden arrancar y volverlas a plantar; dicho de otra forma, las plantas son "duras de matar", éstas siempre buscan como renacer y reproducirse. En el caso de los cataclismos que asolaron nuestro planeta, algunas especies de plantas obviamente se extinguieron, pero la gran mayoría encontraron la forma de sobrevivir y reproducirse, adaptándose a las nuevas condiciones ambientales.

Recordemos que el Segundo Diluvio fue salado y que el exceso de sal (NaCl) es nociva para el desarrollo de algunas formas de vida, pero en una justa cantidad es buena y de hecho se usa en pequeñas porciones como abono y para la engorda de animales, por lo tanto las condiciones en que tuvieron que sobrevivir algunas plantas y animales no fueron tan adversas, puesto que la mezcla de lluvia salada con tierra anula el exceso de sal.

El ser humano y la fauna en general sufrieron la más terrible debacle: muchas especies, sobre todo las de mayor tamaño se extinguieron, otras que se encontraban en tierras altas lograron salvarse del Segundo Diluvio y del episodio BATELU, luego sufrieron la escasez de alimentos y solo los más fuertes o con más suerte pasaron a duras penas aquel período.

Las marejadas o tsunamis que se produjeron con la captura de Badelun (hoy la Luna) fueron grandes entradas y salidas de agua marina que arrasaban todo a su paso, pero tenían sus límites, los cuales eran marcados por la topografía del terreno, desde esta perspectiva, consideramos que solo algunos sectores fueron afectados y otros no. Las especies vivientes de estos sectores que salieron indemnes fueron los que repoblaron el planeta.

Las especies de agua dulce como peces, crustáceos y moluscos se reproducen todas por huevos. Conocemos el ciclo biológico del salmón, que viaja desde el mar remontando los ríos para desovar en el lugar donde nació. También sabemos que algunas especies se entierran en el barro para pasar las sequías o las riadas, por lo tanto no es raro afirmar que todas estas especies sobrevivieron al Segundo Diluvio y los tsunamis.

En el Ártico: en el epílogo de la pequeña era glacial Younger Dryas, el oso polar y la fauna que vivía en los bordes del círculo polar Ártico, padecieron los deshielos del Segundo Diluvio y los desgarros del episodio Heinrich (suelta de icebergs) y en menor medida sufrieron los embates de los tsunamis.

El ser humano: muchos animales se salvaron gracias a sus instintos, pero en el caso del ser humano, que carece de estas cualidades, éste las suplió con la inteligencia.

Para capear el Segundo Diluvio algunos se cobijaron en cuevas. Si eran profundas y en ascenso, "fueron salvos".

Otros treparon a las cimas de los montes. Si eran suficientemente altas, "fueron salvos".

Unos pocos lo hicieron en embarcaciones. Si éstas eran bien resistentes e impermeables, "fueron salvos".

También la suerte ayudó a pequeñas colonias o enclaves que vivían en las altas cordilleras, mesetas y lugares protegidas por cordones montañosos. Ellos se libraron y no sufrieron el embate de los tsunamis y así los diezmados humanos quedaron repartidos y "fueron salvos".

Finalizadas las catástrofes, en los primeros días el alimento estaba por doquier, por la existencia de muchos animales muertos y los carnívoros comían a destajo, hasta que la putrefacción les impidió seguir hartándose y comenzó el canibalismo. Algunos siguieron como antropófagos y otros hicieron combinaciones incluyendo los vegetales en su dieta, o sea, se transformaron en omnívoros. Los más aventajados fueron los que se encontraban cerca de los lugares más fríos (círculo polar), puesto que la descomposición fue bastante lenta y la duración de la "trágica despensa natural" les permitió sobrevivir hasta el brote o germinación de los vegetales, por lo que "fueron salvos".

Hasta esta instancia he tratado mis teorías en forma pragmática. Al examinar y comparando de modo empírico estas hipótesis y cotejándolas con muchas de las grandes investigaciones científicas, tan solo falta el matiz con la coexistencia de otra faceta, la cual es más cuestionable.

Alrededor de todo el mundo hay una gran cantidad (700 aproximadamente) de mitos y leyendas, provenientes de distintas civilizaciones. Éstos han traspasado el tiempo, aunque han sufrido los ataques de distorsión, de transfiguración y o la imposición de otras culturas. Afortunadamente aquellos relatos perduran hasta nuestros días. Lo más rescatable entre todas esas descripciones es la similitud con la se relata que la humanidad fue aniquilada por un período de grandes lluvias e inundaciones y que la vida recomienzo al término de ella. También es coincidente con textos sagrados los cuales señalan aquel Diluvio Universal.

Desde esta dimensión es posible mostrar otras hipótesis y teorías, si bien su base o cualidad es subjetiva, mi convicción me indica que más temprano que tarde cambiara esta condición o limitación.

MARTE, NUESTRO ESLABÓN PERDIDO

IUS SOLI VERSUS IUS SANGUINIS

LOS HIJOS DE LA TIERRA RUMBO AL NEXO SANGUÍNEO

Metafísica - ¿Ficción o realidad?

--Preámbulo

Que me perdonen los teólogos-creacionistas y los científicos-evolucionistas y además los de corrientes de pensamientos cruzados como los teólogos-científicos y los evolucionistas-creacionistas, sumando también a los anárquicos y a los críticos.

La verdad (la coincidencia con la realidad) es relativa, el absoluto no existe y si alguien cree tener la verdad absoluta se equivoca. La razón consiste en argumentos lógicos que conducen a una verdad relativa, aunque se tome como verdad absoluta.

Lo trascendente es aquella razón que aunque pase el tiempo sigue siendo aceptado como veraz, pero no por eso deja de ser relativa.

Un día del año 2004 le prometí a mi madre escribir un libro con mis teorías. Creí que me sería fácil y pensé que lo único que necesitaba era un poco de tiempo. Me equivoqué. Tuve muchas dificultades, como por ejemplo: la pérdida de mis archivos por fallos computacionales o por los datos de páginas web borradas, pero mi mayor dificultad fue de índole moral. Esa barrera cultural religiosa tan arraigada me provocaba temores por los demás, sabiendo que la creencia en los documentos sagrados y la fe es un pilar fundamental de muchos seres humanos y dañarlos o debilitarlos no es ni será mi propósito. Por el contrario: quisiera aportar a la teología, de modo que las personas sean más creyentes y afianzaran o acrecentaran su fe en un Dios universal.

El estilo con que comencé a escribir, fue muy arrogante y difícil. Dice así:

Contumacia en oprobio

Por Luis Delgado Salez - 2004

Entre un frondoso verde, se yergue majestuosa y empinada
Una gran construcción de brillante coloración platinada,
en el alto e imponente centro, resalta una cúpula dorada,
la escoltan seis agudas atalayas hexagonales apiramidadas,
cuya diáfana pureza, refleja una cromática en gran sinfonía,
las torres con su fulgor, emanan con rayos láser, alternada,
apuntando a algún paraje, indeterminado de la Láctea Vía,
o tal vez, sean un lazo directo con los planetas en armonía.

Todo parece flotar
cuan monolítico estar
un símbolo denostar
la justicia ejecutar.

Gran avenida de liso andar	-	escoltada de macizo vegetal.
En el cual quisiéramos estar	-	gozando ese aroma floral,
que estimulan el buen reposar	-	desde el inicio hasta el final.
Subiendo gradas al caminar	-	fino dintel, jabas y umbral.
Vano colosal lo invita a pasar	-	a un candoroso blanco total.
Pasillo, galería y sala de estar	-	mansión de simetría fractal.
Hileras de tronos para ensillar	-	más un suntuoso solio central.
Donde los hombres decantar	-	cavilando la verdad universal.

Cámara celestial
de sentido espiritual
con fuerza colosal
del imperio legal.

Silenciosa marchas convergentes van entrando
De vacío al lleno, copan todo de lado a lado
El podio de tronos ausentes de magistrados
Al centro un hombre evidentemente vidriado
La calma tensa a "nadA" en el cadalso posado
Irrumpen soberbios personajes superdotados,
más uno demorado el cual es el más esperado.
Con bastón de mando el supremo ha ingresado.

Con Dios es testigo
la ley es de castigo
para aquel vecino
que profane lo divino

Todo listo pareciera estar	-	la decisión en el baúl
Juez y colonias representar	-	más otros hasta Saúl
Supremo y senadores a reinar	-	pronto acordes de laúd
El vocero presto a comunicar	-	rompiendo la quietud
"Su magnánimo van a dictar"	-	"la ley asida con virtud"
El sumo solemne en dilucidar	-	garantes de la rectitud
"Melancólico puedo aseverar"	-	"la condena es amaritud"
"A "nadA" se ha de enterrar"	-	"por su criminal aptitud"

De la pletórica opulencia
a la absoluta carencia,
su propio albedrío
será su desvarío

Por primera vez se ha aplicado la ley de convivencia,
la pena por violar, es cadena a la eterna sobrevivencia
El villano "nadA" sufrirá por su fratricida irreverencia
El operativo para el entierro se efectúa con prudencia
Ya confinado el infausto, solo con su inconsciencia.
Vacío y desnudo, sin más traje que su inconsistencia,
aun así, mantiene su belicista y criminal displicencia.
Solo cuando duerme, su fragilidad y el amor es presencia

> La dramática soledad
> desata la trágica ansiedad
> la compañía y la fraternidad
> es lo mejor para la serenidad

> Alguien llora sin tener pecado, padece toda la humillación.
> Todo no es perfecto, siempre a alguien se hiere por omisión
> La doliente sufre hasta postrarse por angustia y desolación
> Con la conciencia pérdida, "avE" llega a la máxima depresión
> Parientes, vecinos, amigos, y especialistas estudian su situación
> Piden clemencia fundamentadas en el amor y exigen protección
> La suprema examina el proceso y reconoce la falta por exclusión
> Bien dicta el Sumo: "Sí: ampárese a nadA y avE por su devoción".

> Marido y esposa solos en amén,
> juntos crearon en el edén,
> con dos distintos gen
> a Caín y a Abel...

He insertado este escrito con el propósito de esbozar el cruce, entre lo teológico y las posibilidades lógicas o científicas por cual los dogmas o límites se pueden transgredir mostrando otra realidad, pero nunca creyéndola como una verdad absoluta.

La vida en general fue sembrada con el Primer Diluvio. Se produjo la evolución de las especies durante millares de años, incluida la de los primates homínidos. El desarrollo de la evolución tuvo muchos accidentes, en la cual muchas especies se extinguieron por distintas causas; otras continuaron su línea evolutiva, esto ha sido demostrado con una relativa comprobación en los aspectos físicos y biológicos, pero no ha sido demostrado jamás el aspecto de la inteligencia del ser humano. ¡He aquí la cuestión!

La evolución no demuestra por sí misma la inteligencia.

La inteligencia humana se ha mantenido igual desde tiempos remotos, las pruebas están a la vista.

Los antiguos egipcios, mesopotámicos, mayas, incas, aztecas, griegos, chinos, entre otros; todos ellos demostraron tempranamente sus capacidades de observación y razonamiento tan eficientes como en la actualidad, la diferencia estriba en que hoy tenemos más herramientas y eso nos hace construir sobre lo edificado. Por favor imagínense a cualquiera de nuestros antiquísimos antepasados con una computadora o un instrumento como los que hoy tenemos. Solo con muchos años de estudio podemos alcanzar a entender o a realizar lo hecho o razonado hace miles de años.

Demostraciones de inteligencia ancestral

Los primeros homo sapiens evidenciaron muestras muy claras de su intelecto. Ejemplos:
-El hecho de tener una escritura demuestra la abstracción del pensamiento humano.
-Los cálculos matemáticos y astronómicos.
-El razonamiento filosófico y teológico.
-Los conocimientos físicos y biológicos.
-Las capacidades arquitectónicas, artísticas y deportivas.
-Estos y otros que el salvajismo humano se auto-arrasó en algunas épocas: por ignorancia o por falta de respeto o por creerse dueño de la verdad y o por la ambición; quedando solo algunos vestigios de aquellas de grandes culturas, las que incluso hoy no logramos descifrarlas; peor aún, le damos una interpretación (para mi entender) antojadiza.

¿Qué resultaría si se enfrentaran en un diálogo o discusión un sabio egipcio o un filósofo griego o un senador romano contra un profesional de la actualidad? Mi respuesta es que nuestro profesional moderno quedaría como un novato.

¿Qué pasaría si una familia de la actualidad tuviera que permanecer y desarrollarse en una isla, desnudos, sin ninguna herramienta ni contacto con la civilización? Yo creo que harían lo mismo que los primeros homos sapiens. Por otro lado, el siguiente raciocinio: ¿Por qué el mono u otros animales no han tenido ni siquiera una parte de la supuesta evolución intelectual del hombre? Sabiendo que ellos son tan o más antiguos que los humanos.

¿Entonces cómo aparece tan repentinamente la inteligencia en el hombre y sin tener más incremento?

Existe otra gran diferencia entre los animales y el ser humano, a la cual se le ha dado poca o ninguna importancia, pero que gravita o incide en esta teoría sobre el origen de la inteligencia humana; el hecho que algunos o tal vez todos los animales tengan los instintos bien desarrollados a diferencia del hombre. Algunos como por ejemplo:

-Las hormigas sellan o tapan las ventilaciones y entradas de su hormiguero con mucha antelación a las lluvias.

-Los ratones abandonan los barcos cuando detectan que éstos se van a hundir.

-Los perros detectan con anticipación los temblores. El tsunami que ocurrió en diciembre de 2004 en Sumatra, Indonesia, dejó en evidencia que los animales salvajes y domésticos presintieron el cataclismo y huyeron a las colinas. De este modo se salvaron. Esto demuestra que los animales tienen una gran conexión con la madre naturaleza, o sea, son hijos de la Tierra, por haber nacido y evolucionado con ella, a diferencia del ser humano que la tiene atrofiada o que no posee el nexo natural con la ésta. <u>Mas yo digo que somos medios hijos de la Tierra, por eso es que no nos sentimos ni somos parte de la complejidad natural del sistema Tierra</u>.

……

El proceso evolutivo natural siempre es muy lento y consecutivo. Demora millares de años o tal vez millones para causar algún tipo de transformación significativa. En nuestro caso, el problema es que del homo-habilis al homo-sapiens ocurre un salto cuántico sin mediar el tiempo que se supone necesita un cambio de esta naturaleza.

El mecanismo de la evolución se da por distintos motivos:

La evolución natural, por selección de adaptación al medio ambiente, otras más rápidas como las mutaciones (alteraciones genéticas), otras en las cuales se dice que no se reproducen como los híbridos (cruce entre seres del mismo género o especie) y los críptidos cruce entre clase, orden, familia o género; que están en los relatos, en los mitos, en retratos y esculturas milenarias.

Generalmente cuando abordamos el tema específico del desarrollo del ser humano tratamos de encajarlo dentro de la teoría de Darwin, en donde solo aborda la selección natural de adaptación al medio ambiente y nunca la posibilidad de la mutación o la hibridación. El gran salto genético del homo-habilis al homo sapiens no es demostrable con la teoría darwiniana ni siquiera acomodándola o acortando el periodo de la transformación gradual. Entonces nos quedan dos posibilidades que son más rápidas: la mutación o la hibridación.

El eslabón
El origen de nuestras cualidades

Se afirma que el ser humano es producto de la evolución, por lo tanto, nosotros siempre tendremos cambios dependiendo del medio ambiente o bien adaptándonos a las circunstancias. Al final del período cálido del Eemiense (hace 120 mil años) comienza a gestarse la era glacial Würm (o Wisconsin o Devensiense) la que tiene una duración aproximada de 80 mil años. Si hoy, que vivimos en una era cálida, necesitamos abrigarnos, forzosamente y con mayor razón en la era glacial, puesto que en aquellos tiempos no poseíamos las comodidades actuales. Entonces solo sobrevivían los humanos más fuertes y es obvio que los más melenudos o peludos y entre más aguda la era glacial (máximo glacial) la selección natural se hacía más estricta, por lo que solo quedaron los que poseían una mayor cantidad de pelos. Luego alrededor de hace 18.000 años termina la era glacial y comienza el holoceno (período cálido). Si durante 80 mil años el ser humano tuvo una evolución hacia un ser de contextura lanudo o melenudo, es muy difícil que en tan solo pocos cientos de años cambie a ser lampiño. ……

He ahí la transformación de la apariencia física del cuerpo humano que es no justificada por la evolución darwiniana. Esta negación o imposibilidad nos lleva a las otras alternativas.

La mutación es una causalidad difícil de cuantificar, puesto que está directamente relacionada con la física cuántica, la que por definición es una ciencia relativa. Tanto es así, que muchas de muchas transformaciones dependerían de las radiaciones cósmicas, las que por su naturaleza no conocemos tanto su intensidad como su frecuencia en el tiempo. El acto de haber sufrido tan solo una mutación o sea un salto de "el animal salvaje a uno racional" y de no existir vestigios de otra gran variación, concluiría que se debilita la opción de la mutación.

Al excluir la evolución y debilitado la mutación, se da la última alternativa como la de mayor factibilidad.

La manipulación genética intencional y la hibridación pasan a tener las mejores posibilidades de ser "el eslabón" necesario para haber obtenido las cualidades que hoy en día gozamos.

Aquel lento y consecutivo desarrollo que por eones formaron al homo-erectus fue alterado violentamente. Hace alrededor de 28000 años del presente, una raza de extraños preñaron a las hembras nativas, también foráneas copularon con aborígenes. El resultado fue un híbrido y debido a las condiciones ambientales estos se pudieron reproducir. Al haber sido así, resalta la incógnita del origen de esos extranjeros.

Esos seres inteligentes y lampiños que produjeron la hibridación, provenían de una antiquísima y trashumante civilización que transitoriamente se aposentaba en nuestro vecino planeta Marte.

En el planeta Marte hubo una perfeccionada civilización de **seres lampiños** dotados de gran inteligencia con mucha similitud corporal y biológica al homo (terrestre). Luego hace alrededor de 28 mil años dejaron castigado aquí en La Tierra a "nadA" y a su esposa "avE", los que dejaron descendencia, ellos también se cruzaron con los nativos homos; dando origen a los homo-sapiens, los que recibieron como herencia la carga genética que graban o imponen generaciones de lampiños, dotados con inteligencia y alma, incluido el lenguaje y otras artes.

La vetusta raza

Las capacidades siempre tienen su límite

La milenaria raza alienígena, oriunda del lejano (nédE) planeta, debido a su carga hipotecaria es forzada a vivir nómade en el espacio sideral y gracias a su gran desarrollo pudieron escapar de su saturado enclaustro original y cumplir su condena perpetua.

Los científicos marcianos que consiguieron dominar las fuerzas de atracción y repulsión, les permitieron las migraciones entre sistemas planetarios y mucho más.

Su inmenso progreso en todos los ámbitos del saber, les permitió en biología, manipular con relativa voluntad los genes y desarrollar con holgura la reproducción por clonación (dentro de un caldo semejante a la hidroponía). De esta forma cultivan sus alimento y los órganos necesarios para prolongar la vida, solo que cada cierto tiempo, ellos necesitan prototipos, pues estos al envejecer producen clones defectuosos. Así mismo como el envejecimiento de su estirpe requiere de individuos nuevos para cruzarse y rejuvenecer o refrescar su raza.

En su cuasi-eterno peregrinar por la galaxia, ellos van colonizando mundos. Hace 28000 años llagaron a nuestro sistema solar asentándose en Marte e instalaron bases en la Tierra. Realizaron grandes e imponentes obras arquitectónicas en su planeta y en otros. En Marte: la cara o esfinge en Cydonia, el rostro del Rey Dormido, pirámides pentagonales (de 5 lados o caras) representando la quinta órbita de su planeta; aquí en La Tierra construyeron pirámides de 4 lados, que marcaban los puntos cardinales, los solsticios y equinoccios, además la posición de la cuarta órbita terrestre (El sistema solar en ese entonces, estaba compuesto por: El Sol; 1, Mercurio; 2, Venus; 3, Badelun; 4, La Tierra; 5, Marte; 6, Cinturón de Asteroides; 7, Júpiter; 8, Saturno; 9, Urano; 10, Neptuno y 11, Plutón).

-"En dinámica estelar: La mecánica de los sistemas son relativamente estables en la escala humana, y predecibles en cuanto los límites del conocimiento lo permiten".

Hace alrededor de 9500 años A.C., los vastos y precisos conocimientos astronómicos de los humanos marcianos les permitieron descubrir con espanto que la estabilidad del sistema solar sería drásticamente quebrantada por un astro que colisionaría con el Sol. Mas sus cálculos exactos afirmaban e indicaban que se desprendería una gran masa coronal y que ésta llegaría con toda su potencia hasta su querido planeta Marte, al que devastaría en su totalidad.

Exigidos por las circunstancias, los marcianos tomaron la decisión urgente de evacuar a toda la población de Marte a otro planeta-colonia de la Vía Láctea. Además les quedaba otro gran problema…

La población marciana podía ser evacuada, pero no tenían tiempo ni recursos suficientes para hacer lo mismo con sus retrohermanastros terrícolas. Entonces, sabiendo que el cataclismo para la Tierra sería menos violento y que existían opciones para salvarse, decidieron comunicarles e instruirlos a los terrícolas la manera como protegerse y sobrevivir al Diluvio venidero.

Adicionalmente, esculpieron en una montaña de Cydonia, en Marte, una colosal esfinge (Cara de Marte) como vestigio de la civilización que ahí habitaba y que los representara tal como eran o son, a modo de epitafio, o sea un póstumo recuerdo de la presencia de la vida inteligente marciana. También esculpieron cerca del complejo de Cydonia en Marte (37°03'N, 12°13'W) otro rostro.

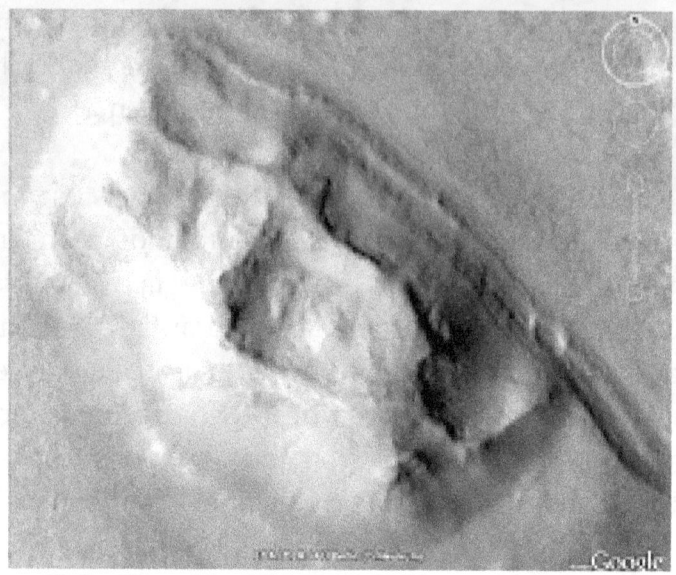

El Rey Dormido. ESA/DLR/FU Berlin (G.Neukum)
Fuente: Google Earth, Marte, ubicado en la región de Cydonia Colles.

Muy cerca del complejo de Cydonia en Marte, se encuentra este rostro. Es bien simétrico, coronado con algo semejante a un gorro turco (bonete). Además presenta erosión por impacto horizontal en el mentón y boca, pero no muestra gran erosión en las cuencas de los ojos. A esta gigantesca y magnífica escultura la he denominado "El Rey Dormido".

Para los escépticos: he aquí las ruinas de una de las tantas ciudades en Marte, la que se encuentra dentro de una depresión ubicada en 37°03`N 12°13`W de Marte. Es obvio que está así, puesto que el planeta fue arrasado por el gran cataclismo de hace 11.500 años, cuando ese planeta recibió de lleno la gran lengua solar, la que le produjo una reacción explosiva en cadena dejándola incinerada.

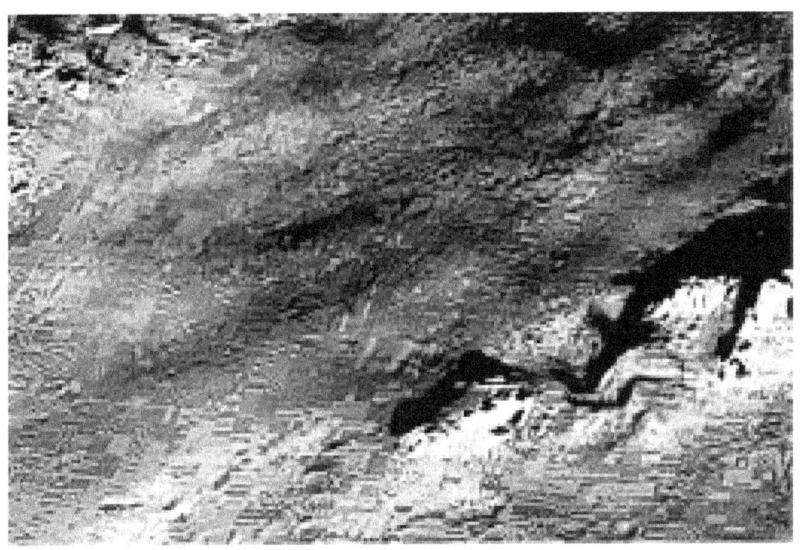

Ciudad en ruinas de Marte Cráter Hale
ESA/DLR/FU Berlin (G. Neukum)
Ref. Google Earth, Marte
Ubicado en las coordenadas 35º 54'S 35º15'W de Marte.

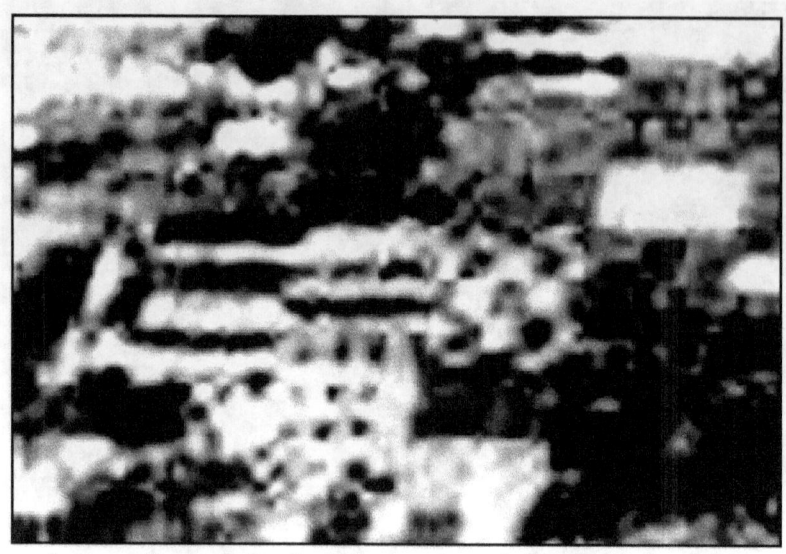

*Acercamiento de la ciudad en ruinas de Marte Cráter Hale
ESA/DLR/FU Berlin (G.Neukum)
Ref. Google Earth, Marte.
Ubicado en las coordenadas 35º 54'S 35º15'W de Marte.
http://www.youtube.com/watch?v=0-dHqJYcDOM&NR=1*

Estas ruinas se encuentran semienterradas y calcinadas. No sufrieron el embate directo del cataclismo porque son construcciones de piedra y fundamentalmente, por estar situadas dentro de un cráter de 2.000 m. de profundidad. Por lo tanto, la explosión en cadena que padeció Marte pasó por sobre la ciudad sin dañarla mayormente. Ella padeció la calcinación por efecto de la gran emanación solar y fue semienterrada debido al polvo y escombros de la explosión sufrida por el planeta.

Sí -- A quienes les caiga

Sí -- Hace años atrás (década del 70), los militares comunicaban al mundo que poseían maquinas cuya resolución era capaz de fotografiar e identificar objetos del tamaño de una pelota de tenis desde los satélites en órbita. Hoy en el 2010 sus máquinas tienen una resolución miles de veces superior y pueden escanean la superficie y el sub-suelo de la Tierra, con una penetración alrededor de 600 metros de profundidad.

Sí -- Por otro lado (en el año 2010), yo como el común de las personas poseemos computadoras que tienen tecnología básica, tanto en su hardware como sus software. Afortunadamente con esta herramienta y a través de internet podemos ver fotos que gentilmente nos proporcionan las instituciones como la NASA o la ESA y otras. Es obvio que ellos solo publican lo que ya han estudiado meticulosamente y lo que ellos creen que ya no posee información relevante para sus intereses. Con esto queda demostrado que la información tarda mucho, quizás años en ser publicada, además, pasan por filtros antes que llegue a nuestros computadores.

Sí -- Nosotros con solo tecnología básica logramos develar formas y estructuras de ciudades en las fotos oficiales de la NASA y de la ESA, es evidente que con tecnología de punta, la definición es más nítida y detallada, por lo tanto la exposición de aquellas ciudades en ruinas en Marte debe ser exacta.

Sí -- Se pude aseverar que estas instituciones son conocedores de estos hallazgos y muchísimos más, pero lo callan y lo ocultan. O peor aun sería que ellos no lo hayan detectado.

Sí -- Ellos lo han estado omitiendo, puede ser porque no saben que es, o por cobardía, o por presiones de poderes fácticos.

Sí -- Los actores involucrados representantes de instituciones nos han mostrado una verdad distorsionada para defender sus estructuras y sus códigos, los que con edictos penan con rigor extremo, con esta forma oprimen y mantienen el monopolio del conocimiento y de las creencias. Y todo aquello en desmedro de la realidad.

Sí -- Por más de medio siglo sistemáticamente han incurrido en la falacia del secretismo, creyendo que la mentira es eterna. O sea son responsables de la desinformación.

Sí -- Con el hecho de encubrir la realidad han impedido que las ciencias y las religiones progresen a un estado superior.

Sí – Se encuentran entrampados en el fraude y no encuentran la salida, puesto que siempre se han sentido como los tutores y no quieren perder la credibilidad.

Sí -- El enfrentar la realidad tiene algún costo, más vale sea pronto y que comiencen razonando una buena estrategia, para evitar daños mayores.

"Bienaventurados los que creen"
"Infaustos los escépticos"

Alrededor de los 11.500 años atrás los seres de Marte (nuestros alma máter), conocedores del cataclismo que le ocurriría a su planeta (Marte) y los feroces trastornos que sufriría el sistema solar, evacuaron rápidamente a toda la población del planeta y no les quedó más opción que avisar o advertir a sus medios hermanos terrícolas que les sobrevendría el cataclismo diluviano, además de las marejadas posteriores que provocaría el episodio Batelu.

El aviso se comunicó a muchas personas de los cinco continentes. Algunos, los creyentes, tomaron los consejos al pie de la letra. Los que cumplieron las instrucciones que se les otorgaron "fueron salvos". Otros, que hicieron caso omiso, sucumbieron al Segundo Diluvio.

La mayoría de los países han pasado períodos cuyos gobernantes han sido electos constitucionalmente y en otros ellos han obtenido el poder por la fuerza de las armas, derramando sangre de inocentes o violando los derechos humanos más fundamentales. Sin embargo, tienen seguidores, adeptos o partidarios que se enceguecen divinizándolos o endiosándolos, a pesar de sus defectos o incluso de sus delitos comprobados. Con esto quiero describir, que la idiosincrasia humana persiste igual hasta nuestros días, en la cual se muestra que es fácil para el hombre considerar a un ser poderoso como un Dios.

Por ende, cuando los alienígenas previnieron a los terrícolas del Segundo Diluvio, los humanos los consideraron dioses y los creyentes que obedecieron las instrucciones "fueron salvos".

Ni tan lejos ni tan cerca

Al afirmar que en el planeta Marte hubo una civilización tan avanzada que podía realizar viajes interplanetarios, no sería raro pensar que aquí en la Tierra hayan instalado alguna colonia. Entonces lo siguiente se hace creíble:

Otrosí: El filósofo griego Platón narraba: En ellos,

Critias, discípulo de Sócrates, cuenta una historia que de niño escuchó de su abuelo y que éste, a su vez, supo de Solón, el venerado legislador ateniense, a quien se la habían contado sacerdotes egipcios en Sais, ciudad del delta del Nilo de una civilización avanzada denominada Atlántida, que desapareció en el mar a causa de un terremoto y de una gran inundación.

Otrosí: Las copias de copias de mapas antiguos realizadas por el navegante turco Piri Reis y la tecnología en el tipo de coordenadas usadas.

Otrosí: La tecnología utilizada en la construcción de las pirámides de Egipto y aztecas. Los conocimientos tan exactos de la orientación de estos monumentos en relación con la astronomía.

Otrosí: La primigenia Esfinge, la que fue esculpida con orientación astronómica en tiempos en que la constelación Leo salía por el horizonte junto con el Sol (hace aproximadamente 11.500 años) vale decir antes del Segundo Diluvio.

Otrosí: Los jeroglíficos egipcios en el cual marcan naves espaciales y otros.

Otrosí: La técnica de las pilas eléctricas y bombillas incandescentes en Egipto y Bagdad.

Otrosí: Los antiquísimos lentes de aumento encontrados en Irak.

Otrosí: La tecnología agrícola y la aparición de especies comestibles como el trigo, maíz, arroz, mijo, entre otros.

Otrosí: La presencia de animales domésticos como: los caprinos, llamas, alpaca, vacunos, perros, entre otros.

Otrosí: La loza de Palenque (maya) que muestra un astronauta dentro de una máquina voladora.

Otrosí: En Pakistán, en India y en el antiguo Egipto se

han encontrado dientes fosilizados que tienen microperforaciones o sea tapaduras dentales.

Otrosí: En Perú las líneas de Nazca y las figuras de grandes dimensiones que solo se aprecian desde el aire a gran altura.

Otrosí: Las construcciones de Tiahuanaco en Bolivia que muestran una comprensión precisa de la astronomía y la proporción áurea o divina o número de oro.

Otrosí: Figuras rupestres Tassili (África) que representan seres con escafandra, entre muchas otras.

Otrosí: Los Moais de la isla de Pascua o Rapa Nui.

Otrosí: Calendario azteca (Olmeca), la Piedra Sol, en el cual se muestran los ciclos: uno civil de 365 días, La Cuenta Larga y **el** sagrado de 260 días.

Otrosí: Objetos microscópicos encontrados cerca de ríos Narada, Kozhim, y Balbanyu en los Urales, estudiado en Rusia y las han datado con más de 20000 años antigüedad.

Otrosí: Martillo encontrado incrustado de una roca dentro de un estrato del cretáceo.

Otrisí: Reloj de Anticitera, elaborado siglos A.C.

Otrosí: Existen muchos objetos que los científicos denominan "fuera de lugar" y en idioma inglés "Oopart".

En fin, son muchos los vestigios atribuibles a alguna gran civilización anterior al Segundo Diluvio Universal.

¿Colonia marciana aquí en La Tierra?

Remontémonos a más allá de los 28 mil años A.C. Ya he descrito que Marte era un planeta de mayor tamaño que el actual, que poseía agua en forma de océanos, una buena atmósfera respirable, polos magnéticos bien definidos y magnetósfera fuerte. Estos factores indican que tenía mayor gravedad que en la actualidad (actual g=3,71 m/s2, la antigua alrededor de: g=6m/s2) y que su clima era templado-frío, cálido de día y lluvioso de noche.

La situación en que se encontraba la Tierra en aquellos tiempos era la siguiente: orbitaba a una distancia más alejada del Sol (1,2 AU.), de un tamaño menor (los océanos tenían un nivel inferior -100m), poseía una menor atmósfera y respirable, estaba en un período glaciar máximo, potentes polos magnéticos y por ende una fuerte magnetósfera. Con estos parámetros se concluye que la Tierra tenía menor gravedad (aprox. g=8 m/s2), y su clima era de tipo continental frío.

Es completamente factible que los marcianos se asentaran aquí en nuestro planeta, debido que la Tierra en aquellos momentos estaba muy cerca y tenía una gran similitud con su planeta Marte.

Los mejores lugares terrestres para la instalación de una colonia o base marciana, estaban ubicados en la zona climática templada-fría, la cual correspondía a lo que en la actualidad está entre el Trópico de Cáncer y el paralelo 40ºN, además el área tendría que estar aislada de la vida nativa, por lo tanto lo más viable era una isla, el hecho de estar rodeada de agua le mantendría la temperatura ambiental con un rango más confortable para los colonos alienígenas. La adaptación de los colonos a su nuevo ambiente no fue muy demorosa, puesto que las diferencias con su planeta no eran significativas. La permanencia del asentamiento extraterrestre duró hasta su evacuación, previo o anterior al Segundo Diluvio universal (hace alrededor de 11.500 años).

Posteriormente, estos seres nos han hecho innumerables visitas e incluso quizás convivan o cohabitan entre nosotros en el más profundo anonimato y sus lugares preferidos serían: los de clima templado-fríos, como el extremo sur de América y en el hemisferio norte más allá del paralelo 40ºN, sobre todo en las regiones costeras, además en las otras regiones más templadas-cálidas tendrían el hábito o la necesidad de vivir como si fueran casi noctámbulos.

Los alienígenas se han insinuado en muchas ocasiones, usando distintos métodos o sistemas, pero siempre manteniendo un estilo sutil, con el propósito de no producir alarma o daño de cualquier tipo. Contrasta la actitud de los que se creen dueños del manejo del desarrollo cognitivo humano, los que con vehemencia han ocultado y o ignorado cualquier evidencia que indique o insinúe la existencia de estos seres. Afortunadamente ya existen países en los cuales sus gobernantes han adaptado una posición más inteligente, puesto que han creado organismos o instituciones que se preocupen de investigar, pero lo lamentable es que los resultados de esos estudios los mantienen en secreto, bloqueando el desarrollo.

Concluiría: Estos seres cuando se hagan presentes o se den a conocer, lo harán "al crepúsculo o por la noche" (metáfora).

O ellos están esperando que el ser humano evolucione a un estado superior de pensamiento y así generen las condiciones adecuadas para que la comparecencia de los retrohermanastros (extraterrestres) sea grata, aceptada y fraternal.

Mea culpa, ae
Mi culpamiento

El ser humano es: cuerpo, alma y espíritu; animal, razón o lógica y etéreo o divino; bestia dotada de inteligencia y espíritu; ser vivo racional y con alma; corazón, mente y espíritu. El instinto animal es aplacado por la razón, la cual es gobernada por el espíritu. El carácter de un individuo es la cualidad psíquica y afectiva que lo condiciona en su conducta; el carácter de un pueblo o civilización, es la sumatoria de la personalidad de cada uno de los que la conforman, esto es la idiosincrasia.

Al hacer un balance o enjuiciar al ser humano, en su proceder o en el comportamiento individual y en el colectivo, incluyendo a los que han poseído distintos niveles de poder, incluso aquellos que han detentado poderes (fácticos), no cabe la menor duda que no es de las mejores.

Entre nuestros defectos principales podemos mencionar la ambición desmedida por el Poder, la codicia, la lujuria, la soberbia, la ira, la gula, la frugalidad extrema (anorexia), la envidia, la pereza; además los seres humanos padecemos de otros defectos, como el ser: mentirosos, crueles, impredecibles, temerosos, belicosos, depredadores, contradictorios, inseguros, inconformistas, en algunos casos sádicos y hasta masoquistas. Pero no todo es negativo. También tenemos virtudes y las podemos mencionar: la prudencia, la justicia, la esperanza, la caridad, la humildad, la amistad, la comprensión, la tolerancia, la perseverancia, el orden, la responsabilidad, la sencillez, la amabilidad, la sociabilidad, la obediencia, la lealtad, la generosidad y los más importantes: el respeto y el amor.

Existencialismo

Cuestionamiento:- ODIOS O DIOS.
-Cuánto es lo que saben los líderes y lo ocultan.
-No debiera, ni podría ser solo conspiración.
-¿Oh?
-Teológico.
-Evolucionismo.
-Inseguridad colectiva.
-Celos por el liderazgo o el poder.
-Es la ciencia, es ciencia o pseudociencia.
-Ocultan o lo desprecian o no lo quieren reconocer.
-Hallazgos y evidencias fuera de lugar (Oopart).
-Que las historias escritas sean quebrantadas.
-Nos impulsan a la anarquía científica.
-Otra base o fundamentos.
-Egocentrismo.
-Ego.
-Y.
-Vano.
-Falacia testaruda.
-Infaustos poderes fácticos.
-Miedo al ridículo o al descrédito.
-Hipótesis que no alcanzan para ser axiomas.
-Se contradicen el evolucionismo y el creacionismo.
-Que todo ha sido concebido e impuesto con dogmas.
-La esclavitud modernista o la nueva inquisición.
-Cuánto habrá debajo de aquel velo cegador.
-Quién nos dirá, ¡verás lo veraz!
-En lo propio o en lo ajeno.
-Exactitud y plenitud.
-Simplemente.
-Dios.
-Y.

-Que la Tierra era el centro del universo, que era plana, luego redonda, que el Sol era el centro y finalmente que el sistema solar forma parte de una galaxia y que ésta es una minúscula parte de un gran universo; tal como creíamos que cada fenómeno natural era un dios, luego que cada planeta lo era y finalmente que solo existe uno y que está por doquier; que existían en la naturaleza solo cuatro elementos fuego, agua, aire y tierra, luego que el átomo era la partícula indivisible más pequeña, enseguida que lo componía un núcleo rodeado de electrones, para después que el núcleo era compuesto de otras subpartículas, para continuar y decir que estas partículas podían estar ahí o allá en cualquier lugar o en ambos a la vez y que pueden ser ondas o partículas.

-Todo es admitir, para luego cambiarlo y nuevamente acatar y el cuento sin fin continuará.
-Tan solo nos queda la esperanza y la aceptación.
-Sin embargo, brotarán nuevas y revolucionarias verdades desde la ignorancia (lo que se ignora).
-El cultivo de los renuevos lo empujan más las evidencias, que los eruditos.-

Incidencia extraterrestre

La naciente raza humana o sea los homos-sapiens que estaban dispersos y constituidos en pequeños clanes, con el transcurso del tiempo, aumentaron y formaron tribus, aldeas, luego pueblos. La convivencia entre ellos era salvaje, extremadamente cruel, perversa y depravada.

Los seres de Marte sentían y tenían la responsabilidad de apoyar y mejorar la raza de los homo-sapiens, porque ellos eran los causantes de que fuéramos sus medios hermanos, debido a que dejaron aquí en la Tierra a personas que realmente eran perversos y bastardos (nadA), o sea, tenían marcado en sus genes la maldad o crueldad (Caín mató a Abel). Además se conservaba el salvajismo natural del homo, por otro lado, afortunadamente tenían los genes de bondad y amor de la mujer (avE), recordemos que ella se exilió, por su propia voluntad, para acompañar a "nadA".

La antiquísima y magna civilización marciana gozaban de una inmensa cultura en los ámbitos de las artes y las letras; en lo teológico, ético o moral; en lo científico o técnico y en lo cívico. Debido a su culpabilidad y consecuentes con sus valores y sentimientos, ellos tenían la deuda y la obligación de guiar el desarrollo del desorientado pueblo terrícola.

En esa cultura las creencias teológicas se basaban en la existencia de un solo Dios, el creador del universo (monoteístas). Es una filosofía de vida basada en la ética con el libre albedrío cuyos límites son flanqueados y demarcados por Dios. Por lo tanto, tuvieron que buscar la manera de enseñar sus propios valores a los medios hermanos terrestres.

Ellos usaron distintos métodos para lograr su propósito. Uno de los más usados fue con misioneros A., otro, las abducciones A. y las más dramática fue el uso de la intervención directa A.

---La continuación de este capítulo es para mí extremadamente difícil y delicado, únicamente lo resumiré sin mencionar detalles. Asimismo no quisiera con mis palabras dañar o desorientar a ninguna persona. Tampoco debilitar, perjudicar u ofender a instituciones religiosas, cualesquiera sean sus fundamentos. Más, yo deseo que las personas creyentes y no creyentes logren fortalecer la fe en Dios.

"Dios es primero, luego el resto es su derivación".

-Misioneros A.: muchos de los textos sagrados hacen mención a seres o ángeles o mensajeros enviados por Dios, pero yo diría: indirectamente mandados por Dios.

-Abducciones A.: algunas personas, especialmente los profetas que en algún momento de sus vidas tuvieron una separación o retiro de aislamiento físico, en el cual los educaban imponiéndoles la sabiduría necesaria para guiar a sus congéneres, desde los cuales ellos llegaban preparados para enseñar la palabra y las leyes de Dios.

-Intervención directa A.: casos como la torre de Babel, las siete plagas de Egipto, Sodoma y Gomorra; en donde el exterminio fue extremo, por el engreimiento, la subyugación, la sodomía y la perversión de los terrícolas. Fue así, por la irremediable y extrema desobediencia a las leyes de Dios.

-El Diluvio no fue intervención directa A. puesto que aquel suceso fue la consecuencia del castigo por fuego que recibieron los culpables del engendro terrícola, por lo tanto, *"el Diluvio fue parte del resto de la derivación de Dios".*

Contemplatum suus, a, um culpa, ae admissum,î?

Contemplación de su culpabilidad

Víctima o victimario, las circunstancias siempre inclinan la balanza a un lado o al otro; o está bien o mal según desde el lugar que se observe, siempre y cuando tengamos la capacidad de ver más allá de nuestras propias narices.

Quizás hace más o menos 28.000 años, errantes seres extrasolares colonizaron al planeta Marte, ellos gozaban de una gran civilización y con tecnologías bien avanzadas; escogieron ese planeta por sus cualidades y por la cercanía con otro; que si bien ese otro no tenía las condiciones óptimas para ser colonizado, pero sí tenía las potencialidades para ser un buen proveedor.

Transcurrido los años, ésta colonia marciana se afianzó logrando un buen desarrollo y creció teniendo los problemas típicos de cualquier gran metrópolis o nación, en la cual cohabitan seres de distintas personalidades o caracteres, por lo tanto no se libraron de personas transgresoras e infractoras, tal es el caso "nadA" que siendo el mayor procaz, pendenciero, desalmado y despiadado hereje, la sociedad marciana mediante su organización lo deportó del planeta enterrándolo, con pena capital perpetua. Estando aquí en la Tierra en cumplimiento de su condena, el reo "nadA" recibió por benevolencia de la corte marciana a su pareja y cónyuge "avE". Ellos procrearon y desafortunadamente se cruzaron, copularon y fornicaron con los nativos homos-erectus dando origen al homo-sapiens.

-He ahí la primera-

Simultáneamente los colonizadores de Marte, interrumpieron la evolución natural, exploraron y comenzaron la domesticación del planeta Tierra para su futuro abastecimiento. Tal sometimiento fue total. Obvio que sometieron al homo-erectus también, los que poseían mucha semejanza genética con los marcianos. Los alienígenas fornicaron y copularon con muchas hembras nativas. Del cruzamiento genético entre extraterrestres y terrícolas nació el homo sapiens.

-He ahí la segunda-

Ellos, los marcianos con mucha premura hicieron los arreglos para su éxodo, por lo cual acudieron a su despensa natural terrícola y la depredaron (buena parte de la extinción masiva), reuniendo los pertrechos o suministros suficientes

para su largo peregrinar hasta quien sabe dónde.
-He ahí la tercera-

Pecaron cuando se aparearon y fornicaron a las hembras homos-erectus y cuando manipularon genéticamente a los nativos_interrumpiendo la evolución natural del homo erectus, procreando la raza homo sapiens.
-He ahí la cuarta-

Si a muchos animales (caballos, perros, vacas, gallinas, ovinos, caprinos, camélidos y otros) pudieron domesticar o dicho de otra forma, esclavizar; no ocurrió lo mismo con el peludo y mal oliente macho homo erectus (neandental) que simplemente los eliminaron, pero a sus hembras las utilizaron como esclavas sexuales.
-He ahí la quinta-

La intencionalidad en la injerencia genética, con el fin premeditado de que el producto les fuera utilitario; debido a que el macho erectus poseía grandes capacidades físicas que les serían muy útiles para trabajos forzados, los marcianos intervinieron la genética de los homos-sapiens para lograr la mansedumbre y así tenerlos como esclavos.
-He ahí la sexta-

Culpas ajenas imputables. Debido al cruce o por la manipulación genética o por la inseminación artificial; los alienígenas pudieron obtener un resultado relativo, quizás sus propósitos se cumplieron, pero por una parte nos dotaron de habilidades motrices, de inteligencia y de alma.

Por otra parte nos cercenaron nuestra particular evolución natural y solo nos quedaron nuestros propios instintos debilitados. Nuestra historia hubiera sido distinta, tal vez como la novela de Pierre Boulle, "El planeta de los simios".

Y por último nos heredaron parte de sus genes, los cuales poseen no muy buenas cualidades, como son la ambición exacerbada; el ocultar el conocimiento para el aprovechamiento personal en el ámbito económico y en el poder; el desprecio a sus semejantes con menores conocimientos para usarlos como esclavos; la promiscuidad y en la antigüedad la práctica de la zoofilia; hoy la práctica de los poderes fácticos; el caso de aquél que invocaba a la raza aria como la superior, provocando el holocausto, e. j. e. rommel (con minúscula porque no merece más) que ejecutó el mayor genocidio del siglo XIX; aquellos reyes y emperadores que se auto-nominaban y se creían dioses; Atila "El azote de los Dioses" rey de los hunos el cual arrasó y saqueó a toda Europa; aquel placer sádico morboso en el circo romano; las bombas atómicas que hicieron explosionar en Hiroshima y Nagasaki; otros que usan el lema "Por la razón o la fuerza" y siguen gritando "Ya nunca más a los hechos del 11 de septiembre" y mantienen el mismo lema; por último los magnicidios, genocidios y democidios ocurridos durante la historia conocida (más de 250 millones de personas muertas), por culpa de aquellos torcidos genes heredados de una raza alienígena pseudo-perfecta, que quizás jugaban a ser dioses.

-He ahí el séptimo de los pecados capitales-

Nota: No es que le transfiera toda la culpa o responsabilidad a esos alienígenas, sino porque es solo la base de nuestro comportamiento, pero somos culpables porque poseemos la inteligencia capaz de discernir, recapacitar y aprender de nuestros errores y horrores, pues tenemos algo maravilloso lo cual es el don divino del libre albedrío.

--El castigo tarda y llaga (ulcera)

Los humanos marcianos en Marte hace aproximadamente 9.500 años A.C. tuvieron el aviso que tendrían el castigo divino por fuego y su condena sería: el seguir errantes en el universo.

Los humanos marcianos colonos en la Tierra tuvieron el aviso que tendrían el castigo divino por agua y su condena sería el destierro o la muerte.

Y sobre La Tierra quedaron tan solo los diezmados retrohermanastros marcianos, de los cuales nosotros sus descendientes.

Y usted ¿Qué opina?

"niF"

Comienza la nueva etapa.

Prontuario

El sistema solar se fue conformando paulatinamente, evento en el cual ocurrieron sucesos violentos.

-**Primero, lunes**: De la estrella Sol nacen cinco planetas rocosos, sin satélites.

-**Segundo, martes**: Se acoplan dos sistemas (el Solar y el Joviano) se destruyen dos planetas Badén y Cisterna, regando de agua a Marte y La Tierra (primer Diluvio), de este modo el sistema Solar queda formado con los siguientes planetas: Mercurio, Venus, Badelun, Tierra, Marte, Cinturón de Asteroides, Júpiter, Saturno, Urano, Neptuno y Plutón.

-**Tercero, miércoles**: La vida emerge como producto del primer Diluvio.

-**Cuarto, jueves**: La evolución natural del homo es interrumpida por el cruce con seres humanos procedentes de Marte, esta hibridación y o mutación da origen a la raza homo sapiens dotada con inteligencia y alma del cual nosotros somos los descendientes.

-**Quinto, viernes**: Desde el Sol emana una gran lengua energética que calcina al planeta Marte evaporándole el agua, este vapor conforma una nebulosa que es atraída por el Sol y en su camino es atrapada por la Tierra provocando el Segundo Diluvio en todo el globo terráqueo.

-**Sexto, sábado**: Como consecuencia la Tierra cae a una órbita inferior, capturando a la Luna como su satélite, logrando así una mejor estabilidad al sistema.

-**Séptimo, domingo**: Dios, satisfecho, descansó.

Liberación y esclavitud

¡Me libro de este libro!

Este libro me encadenó con jornadas agridulces.
Para editarlo sufrí el delirio de una pesadilla.
Me emancipo de las ataduras que me anclaron.
Manifiesto que no quedo decapitado ni estéril.
La maraña del pensamiento sigue procreando.
El cordón umbilical conecta a otras hipótesis.
Ellas escudriñan la razón del origen de las fuerzas.
Declamaré lo que hay más allá de la física cuántica.
Por lo tanto:

En el fondo con la áncora,
el océano y la leontina,
la superficie con la boya,
ancla, cadena y dorna.

De la sima hasta la cima,
desde el recóndito pensar,
llegando incluso a teorizar:
nadar, flotar y volar.

En el mar de la confianza,
con la luz de la esperanza,
el faro lanza una lanza:
cultura, fe y bonanza.

Pasado dogmática postal,
presente relativo frontal,
futuro variable horizontal:
nadir, cenit y acimutal.

¡No me libro del segundo libro!

Dedicatoria

A todos ustedes les brindo este tributo.

Le dedico este libro a mí amada cónyuge Ana María, a mis hijas: María Angélica, Marcela Danahe, y Ana Francisca.

También para mi querida madre, a quien le prometí escribir un libro, además para mis hermanos: Gustavo, Cecilia, Amra y Pedro y a toda mi familia.

Los más grandes de los agradecimientos a todos los científicos, investigadores y pensadores que han aportado al bagaje cultural de nuestra civilización. Y mi gratitud a aquellos que me sirven de apoyo con gráficos y fotos, para que estas teorías sean realistas. A estos tenores les pido mil indulgencias.

Mi homenaje a don Gustavo Francisco Delgado Troncoso, con mi mayor evocación y gratitud de quien heredé la sucesión de la cualidad de observación dentro del raciocinio lógico y del sentido crítico constructivo de la inercia en los avatares de la vida, tanto de La Tierra como del universo. Sabio fantástico, libre pensador, soñador romántico, estoico esperanzador, extravertido generoso, certero visionario y pionero audaz.

También, reconozco a mi amigo y cómplice de muchas pláticas, que siempre me anima y halaga: don Luis Muñoz Bustamante.

Finalmente: **Le agradezco a usted, que tuvo la gentileza de adquirir y tener la paciencia de leer este trabajo. Así mismo comunicarle que pronto publicaré otra obra, basada en busca de la realidad en las fuerzas fundamentales.**

Glosario, siglas y abreviaturas

Abiogénico: proceso o materiales de origen natural, no biológico, ni humano.
Abducción: secuestro momentáneo realizado por extraterrestre.
Acreción: punto de agregación o adición de materia, por la atracción de masa.
Afelio: en una órbita elíptica, es la posición más lejana al Sol.
Antropogénica: efectos, procesos o materiales que son el resultado de actividades humanas.
Asperjar: rociar, salpicar o mojar con agua.
Badelun: planeta que ocupaba la tercera órbita del sistema solar.
Badén: quinto planeta del primer sistema solar, orbitaba donde se encuentra el actual cinturón principal de asteroides.
Batelu: evento en que Badelun se posesionaba como satélite de la Tierra y pasa a llamarse Luna.
Cisterna: planeta errante del sistema Joviano.
Creacionismo: creencias, inspirada en doctrinas religiosas.
Coronal: capa externa del Sol está compuesta por plasma.
Cydonia: región de Marte, en ella se encuentra la cara de Marte.
Culpamiento: auto-inculparse.
Deriva: desplazamiento lento y continuo de la separación.
Derrubio: fragmento rocoso arrastrado y depositados por corrientes de agua.
Divergente: puntos que se separan o se alejan.
Eclíptica: plano descrito por la traslación de los planetas.
Elíptica: ovalo descrito por un planeta.
Eón: período de larga duración.
Epica: Proyecto Europeo de Muestreo de Hielo en la Antártida.
Estrato: capa de sedimentos o de nieve depositada en solo evento.
Evolucionismo: doctrina filosófica, que propicia el desarrollo de las especies por cambios sucesivos
Eyección: expulsión de algo hacia afuera con fuerza.
Goterón: gota de materia viscosa de gran tamaño.
GRIP: Proyecto de muestras de hielo de Groenlandia.

Hidrósfera: capa de la Tierra que está formada por agua.
Holoceno: período interglaciar del cuaternario reciente, comenzó hace 11700 hasta el presente.
Indemne: libre o exento de daño o perjuicio.
Joviano: sistema planetario procedente de la galaxia Sagitario.
Magma: masa de roca fundida con alta temperatura.
Magnetósfera: espacio que rodea la Tierra o y otros planetas en que el campo magnético ejerce influencia sobre las partículas y ondas procedentes del espacio sideral.
Masa coronal: capa externa solar llamada cromosfera, se extiende por más de un millón de kilómetros sobre la superficie o fotosfera.
Milankovitch Milutin: fue un astrofísico serbio. Desarrolló una teoría matemática del clima.
Nube de Oort: halo que rodea el sistema solar, se compone de cometas y asteroides y a una distancia de casi un año luz del Sol.
Oopart: es el acrónimo en inglés de *Out of Place Artifact* (literalmente, 'artefacto fuera de lugar').
Pangea: antiquísimo súper continente, el cual se separó en placas dando origen a los actuales continentes.
Panthalassa: remoto súper océano que rodeaba el Pangea.
Perihelio: en una órbita elíptica, es la posición más cercana al Sol.
Plasma: cuarto estado de la materia, por poseer temperaturas elevadísimas (ej. El Sol).
Poliestráticos: fósil que cruza a través de varios estratos.
Proclive: propenso o inclinado hacia lo que se considera negativo.
Proto-estrella: estrella en formación.
Proto-planetas: nódulo o embrión en gestación de un planeta.
Retrohermanastro: antiquísimo medio hermano marciano.
SC.: secuencias de ciclo.
Sedimentos: es el depósito del material arrastrado por el agua.
Subducción: desplazamiento del borde de una placa de la corteza terrestre por debajo del borde de otra.
Sublimar: es el paso o salto del estado sólido al gaseoso sin pasar por el líquido.
Tectónica: en geología es el estudio del contacto y fricción de las placas que forman la corteza terrestre.

Termohalina: corrientes marinas con diferencia térmica.
Tetis: remoto océano que dio origen al mar Negro, Caspio y Aral.
U. A.: unidad astronómica, igual a la distancia del sol a la Tierra.
Vostok: Instituto Ártico y Antártico de Rusia.
Younger Dryas: evento del periodo del holoceno, en el cual parte del hemisferio norte se enfrió. Duró entre 70 a 1.300 años, hace aproximadamente 12.700 años.

Bibliografía web

-"Historia del Clima de la Tierra"
 Antón Uriarte Cantolla 2003.
- http://bit.ly/5W68kS
-http://www.ahorausa.com/CyTMilank.htm
- http://bit.ly/oj8S3R
-http://bit.ly/iHK5G
-http://es.wikipedia.org/wiki/Base_Vostok
-http://bit.ly/cOCfiy
- http://bit.ly/68wH3J-http://bit.ly/eUarUk
-Geología: ¿Actualismo, o Diluvialismo?
 Henry M. Morris, Ph. D., y George Grinnell, M.A. 1980.
 http://bit.ly/gBpzID http://bit.ly/eN7vvH
-Desentrañando la historia oculta de La Tierra.
Immanuel Velikovsky
http://bit.ly/gkrEem
-Atlántida: http://bit.ly/fvkdF8-Cydonia
-Esfinge de Giza: http://bit.ly/fhi78k
http://bit.ly/dZ24zK
ESA: http://bit.ly/i32lL0
Google Earth
NASA: http://www.nasa.gov/
http://bit.ly/R9nDd
.

www.ingramcontent.com/pod-product-compliance
Lightning Source LLC
Chambersburg PA
CBHW072213170526
45158CB00002BA/584